宝石学基础

张娟 编著

BAOSHIXUE JICHU

中国地质大学出版社
ZHONGGUO DIZHI DAXUE CHUBANSHE

图书在版编目(CIP)数据

宝石学基础/张娟编著. —武汉：中国地质大学出版社,2016.7(2023.9重印)
ISBN 978-7-5625-3586-7

Ⅰ.①宝…
Ⅱ.①张…
Ⅲ.①宝石-基本知识
Ⅳ.①P578

中国版本图书馆 CIP 数据核字(2016)第 164966 号

宝石学基础		张 娟 编著
责任编辑：王 敏 张 琰		责任校对：周 旭

出版发行：中国地质大学出版社(武汉市洪山区鲁磨路 388 号)	邮政编码：430074
电　　话：(027)67883511　　传真:67883580	E-mail:cbb@cug.edu.cn
经　　销：全国新华书店	http://www.cugp.cug.edu.cn
开本：787mm×960mm 1/16	字数：196 千字　印张：10
版次：2016 年 7 月第 1 版	印次：2023 年 9 月第 3 次印刷
印刷：武汉市天星美润设计印务有限公司	印数：5001—5500 册
ISBN 978-7-5625-3586-7	定价：42.00 元

如有印装质量问题请与印刷厂联系调换

21世纪高等教育珠宝首饰类专业规划教材

编 委 会

主任委员：

朱勤文　中国地质大学(武汉)党委副书记、教授

委　　员(按音序排列)：

毕克成　中国地质大学出版社社长
陈炳忠　梧州学院艺术系珠宝首饰教研室主任、高级工程师
陈秀英　陕西国际商贸学院珠宝系主任
杜远飞　四川文化产业职业学院宝石教研室主任
方　泽　天津商业大学珠宝系主任、副教授
胡楚雁　深圳职业技术学院副教授
黄晓望　中国美术学院艺术设计职业技术学院特种工艺系主任
李勋贵　深圳技师学院珠宝钟表系主任、副教授
刘　皓　云南交通职业技术学院宝玉石学院副院长、副教授
刘自强　金陵科技学院珠宝首饰系主任、教授
秦宏宇　长春工程学院珠宝教研室主任、副教授
丘志力　中山大学宝石研究中心主任、教授
任　进　中国地质大学(北京)珠宝学院副教授
阮青锋　桂林理工大学宝石教研室主任、副教授
石同栓　河南省广播电视大学珠宝教研室主任

孙中义	安徽工业经济职业技术学院校党委书记、教授
孙仲鸣	滇西应用技术大学珠宝学院院长
王　昶	广州番禺职业技术学院珠宝系主任、副教授
王莆锐	海南职业技术学院珠宝专业主任、教授
王继青	上海工商职业技术学院教研室主任、高级工艺美术师
王娟鹃	云南国土资源职业学院宝玉石与旅游系主任、教授
王礼胜	河北地质大学宝石与材料工艺学院院长、教授
肖启云	北京城市学院理工部珠宝首饰工艺及鉴定专业主任、副教授
邢莹莹	华南理工大学广州学院珠宝学院副院长
徐　禹	广东轻工业职业技术学院宝石教研室主任
杨明星	中国地质大学（武汉）珠宝学院院长、教授
张代明	云南经济管理学院珠宝学院院长
张　娟	武汉工程科技学院珠宝学院副院长
张晓晖	北京经济管理职业学院宝石教研室主任、副教授
章跟宁	江门职业技术学院艺术设计系副主任、高级工程师
赵靖娜	上海建桥职业技术学院珠宝学院副院长
周　燕	武汉市财贸学校宝玉石鉴定与营销教研室主任
朱晓红	南阳师范学院院长
邹　倩	湖北国土资源职业学院宝石教研室主任

策　划：

毕克成	中国地质大学出版社社长
张晓红	中国地质大学出版社副总编
张　琰	中国地质大学出版社编辑中心主任

前 言

随着社会经济的发展,各行各业对人才的需求呈现出多样化的特点,对应用技术型人才的渴求也显得十分迫切。同时,伴随着高等教育大众化的进程,进一步推动了新建地方本科院校的转型及发展,培养适应产业升级、高素质的应用技术型人才,是经济社会发展对新建地方本科院校发展提出的迫切要求。因此,构建理论与实践相结合的教学体系及教学内涵,以培养更多能满足社会经济发展需要的应用技术型人才十分必要。

武汉工程科技学院作为湖北省首批应用技术型试点高校,深入贯彻党的十八届三中全会精神和国家、湖北省中长期教育改革和发展规划纲要,全面贯彻党的教育方针,以培养产业转型升级和公共服务发展需要的高层次应用型人才为主要目标,以推进产教融合、校企合作为主要路径,在政府的指导和支持下,切实转变思想观念,大力推动体制机制创新,深化教育教学改革,建设特色鲜明的珠宝类专业集群人才培养模式,以致力服务于珠宝产业链各环节。

为了配合学校顺利地转型升级,宝石鉴定专业作为首批试点专业必须作出大胆的改革与创新。教学模式、教学内容、教学方法均作出相应调整,教学模式由原来的教师主导型逐渐转变为学生主导型,重点培养学生自主学习、举一反三的能力。配套教材也作出了相应的调整,力求更加适用与实用。

宝石学基础是宝石鉴定、珠宝首饰设计、珠宝首饰评估、珠宝首饰营销等相关专业的专业基础课程，主要讲授宝石学涉及的所有基础理论知识。本书是编著者在长期工作实践和宝石专业教学的基础上，参考了国内外一些最新研究资料编著而成。本书可作为宝石专业必修课和其他专业选修课的教材使用，也适合于广大宝石爱好者阅读自学，并可供宝石研究工作者参考。

在本书的编著过程中，得到了武汉工程科技学院珠宝学院宝石鉴定教研室全体老师的支持，同时也得到了珠宝学院院长包德清老师、宝石鉴定教研室主任谢浩老师给予全书的悉心指导及中国地质大学出版社编辑的大力协作，使得该书能够顺利出版，在此一并表示感谢。

编著者
2016年1月5日

学习宝石学基础课程的主要目的：

(1) 懂得宝石学的基本原理，获得系统的宝石学基础知识。

(2) 为下一步学习宝石学专业知识打下一个良好的基础，初步认识和熟悉一些重要的宝石。

(3) 了解和掌握适用于有效观察和测试各种常见宝石材料的方法。可以通过肉眼鉴定特征的归纳，鉴别部分市场常见的宝石。

学习本教程的方法：

(1) 宝石学基础是一门较抽象、理论性较强的学科，大家可以一边学习一边摘取关键的专业名词进行记录、汇总、串联。

(2) 有条件的情况下，同学们可以学习、查阅相关参考资料，使用自己的语言来解释相关的专业名词。

(3) 根据课程中穿插的"思考"问题进行分组讨论，汇集讨论结果。

(4) 老师将在课堂上安排专门的时间对学生的讨论结果进行解答。

目 录

第一章 绪 论 ································· (1)

　第一节　宝石学基础的研究对象及内容 ·················· (2)

　第二节　宝石的定义及特征 ·························· (2)

第二章　普通地质学基础 ···························· (4)

　第一节　地球的圈层构造 ···························· (5)

　第二节　地质作用与宝石的形成 ······················ (7)

　习　题 ··· (13)

第三章　宝石矿物的化学成分 ························ (14)

　第一节　宝石的化学成分 ···························· (15)

　第二节　类质同象与同质多象 ························ (19)

　习　题 ··· (24)

第四章　宝石的结晶学特征 ·························· (26)

　第一节　晶体的概念与基本性质 ······················ (27)

　第二节　晶体的对称 ······························· (30)

　第三节　晶体常数特点 ····························· (34)

　第四节　单形与聚形 ······························· (39)

　第五节　双　晶 ·································· (43)

　第六节　宝石的结晶习性 ···························· (45)

　习　题 ··· (56)

第五章　晶体光学基础 ····························· (59)

　第一节　光的本质 ································· (60)

第二节　光的折射与全反射 …………………………………… (64)
　　第三节　光性均质体与非均质体 ……………………………… (68)
　　第四节　光的干涉与衍射 ……………………………………… (70)
　　第五节　光率体 ………………………………………………… (74)
　　习　　题 ………………………………………………………… (84)

第六章　宝石的物理性质 …………………………………………… (86)
　　第一节　宝石的光学性质 ……………………………………… (87)
　　第二节　宝石的力学性质 ……………………………………… (104)
　　第三节　宝石的热学、电学性质 ……………………………… (113)
　　习　　题 ………………………………………………………… (115)

第七章　宝石的分类及命名 ………………………………………… (118)
　　第一节　宝石的分类 …………………………………………… (119)
　　第二节　宝石的命名原则 ……………………………………… (122)
　　习　　题 ………………………………………………………… (125)

第八章　宝石的内含物 ……………………………………………… (126)
　　第一节　概　述 ………………………………………………… (127)
　　第二节　宝石内含物的分类 …………………………………… (130)
　　第三节　宝石内含物的规范描述 ……………………………… (137)
　　习　　题 ………………………………………………………… (139)

第九章　宝石的琢型设计 …………………………………………… (140)
　　第一节　常见琢型的分类及其特点 …………………………… (141)
　　第二节　宝石琢型的定向及定位设计 ………………………… (149)
　　习　　题 ………………………………………………………… (150)

主要参考文献 ………………………………………………………… (151)

第一章 绪 论

❖ 宝石学基础涉及哪些内容？

❖ 怎样才能更好地掌握这些抽象的知识？

❖ 你知道宝石和矿物的区别吗？

第一节　宝石学基础的研究对象及内容

宝石学作为矿物学的一个专门的分支,主要以宝石或宝石原料为研究对象,围绕着宝石的鉴定(包括原石的鉴别)、宝石的合成与仿制、宝石的优化与处理、宝石的加工与制作、宝石的勘探与开采及宝石营销等展开,涉及到宝石鉴定仪器、首饰用贵金属材料的性能、宝玉石文化等各方面,形成了一门独立的综合型学科。

宝石学基础作为宝石学体系中所有专业课程的基础,其研究对象为与宝石性质相关的所有基础知识及理论,偏重理论教学,为后期的宝石鉴定、加工、合成、优化处理、设计等打下坚实的理论基础。

宝石学基础研究的内容主要包括以下几个方面。

(1)宝石的结晶学特点。绝大多数宝石属于矿物晶体,而宝石的所有性质都与其结构密切相关,因此本书首先研究的是宝石的结晶学特点,以晶体对称性、晶系的分类及特点、各晶系的重要单形为研究重点。

(2)宝石的晶体光学特点。结合光学基础知识,建立几何模型来进一步探讨宝石的晶体光学特点。

(3)宝石的化学性质与物理性质。宝石所表现出来的外观性质都与其光学性质有关,而且宝石鉴定均为无损鉴别,所以本书以物理性质中的光学性质为研究重点。

(4)宝石的内含物。书中设计了典型内含物标准符号,在刚学习宝石显微镜时,可以帮助学生们更有效地观察和认识宝石的内含物,切实掌握观察内含物的方法,在后续的专业课程学习中能做到举一反三,从而有效地提高宝石内含物教学的课堂效率和教学质量。

第二节　宝石的定义及特征

广义上我们认为,一切可以琢磨或雕刻成首饰或工艺品的材料均可称之为宝石(gem),包括天然和人工材料,人工材料如琉璃、软陶等。狭义的宝石则指自然界中产出的美丽、耐久、稀少,可琢磨或雕刻成首饰或工艺品的单晶矿物,岩石(集合体矿物)及部分有机材料。

因此,作为宝石材料必须具备三大特征,即美丽、耐久、稀少,宝石的价值在很大程度上取决于这三大特征。

1. 美丽

绚丽夺目是作为宝石的首要条件。例如：无色钻石晶莹透明，同时显示不同程度的火彩和亮度；红宝石、蓝宝石、祖母绿及翡翠等具有纯正而鲜艳的色彩；欧泊在光线下转动时拥有变化丰富的色斑；月光石表面会呈现出一种类似于朦胧月光的特殊光学效应，并因此而得名；有些宝石表面会产生类似于猫眼的从一头到另一头灵活的亮带，或类似于星状的光带；变石能够在日光下呈现绿色，而在灯光下变成红色。这些都是宝石美丽的体现。

2. 耐久

质地坚硬、历久弥新是宝石的另一个重要特征。绝大多数宝石能够抵抗摩擦、外力的破坏和化学侵蚀，使其美丽的外观长久保存下来。宝石的耐久性在很大程度上取决于宝石的硬度与韧性。自然界中的粉尘以硬度为7的石英为主，所以通常硬度高于7的宝石可经受粉尘长期的摩擦、刻划，称之为贵重宝石。而硬度较低的宝石，如萤石、寿山石等，则不适合用来制作首饰长期佩戴，其虽拥有美丽的外观，但仅适合作为雕件观赏。作为我国国玉的和田玉，其硬度虽不高(6.5，因品种不同略有差异)，但由于其内部晶体纤维交织状结构使其具有非常高的韧性，而得以长期保存，价值攀升。

3. 稀少

物以稀为贵，宝石的这一属性在很大程度上决定了其价值。钻石的昂贵不仅因为它各方面的光学性质都是天然宝石中最突出的，更因为它非常稀少。相反，水晶同样色彩炫丽、晶莹剔透，但由于产量大，也只能算作中低档珠宝。由于大多数珠宝的不可再生性，世界珠宝的产量越来越少，其价格不断上涨，珠宝作为硬通货币储存的趋势逐渐明显，和黄金一样可以作为货币流通的媒介。

第二章　普通地质学基础

❖ 你了解脚下我们赖以生存的地球吗？

❖ 钻石是怎么产生的？

❖ 和田玉的籽料为什么那么稀少且昂贵？

第一节 地球的圈层构造

宇宙(cosmos)是由空间、时间、物质和能量所构成的统一体。"宇"是空间的概念,是无边无际的;"宙"是时间的概念,是无穷无尽的。宇宙是无限的空间和无限的时间的总和。在宇宙空间中弥漫着形形色色的物质,如恒星、行星、尘埃、气体、电磁波等,它们都在不停地运动、变化着。

太阳系(solar system)是宇宙中以恒星太阳为中心的天体系统,包括八大行星、至少165颗已知的卫星和数以亿计的太阳系小天体。这些小天体包括小行星、彗星和星际尘埃。

一、地球概况

我们赖以生存的地球是太阳系八大行星之一,按离太阳由近及远的次序排列为第三颗。它距太阳平均 $1.496×10^8$ km,太阳光只需要8分16秒就能到达地球。同时地球也是太阳系中直径、质量和密度最大的类地行星(又称岩石行星,都是指以硅酸盐岩石为主要成分的行星)。地球的平均半径为6 372km,赤道周长为40 076km,整个形状类似一个夸张的梨形。

地球并不是孤立地存在于宇宙之中,而是与其他天体之间或宇宙之间通过能量和物质的交换来保持着密切的联系和相互影响。它是一个不断运动着的行星,除了在太阳系中每时每刻都进行着公转和自转以外,其内部也每时每刻都在进行着各种复杂的地质作用。正因如此,造就了丰富多变的各类型矿物与岩石。

地球的物质成分及性质是不均一的,具有圈层构造的特征。地面以上的圈层称为外部圈层,地面以下的圈层称为内部圈层。

二、外部圈层构造

外部圈层包括大气圈(atmosphere)、水圈(hydrosphere)和生物圈(biosphere)。

1. 大气圈

环绕地球的由气态物质组成的圈层称之为大气圈。它是一个由78%的氮气、21%的氧气和1%的氩气,混合着微量的其他成分(包括二氧化碳和水蒸气)组成的厚密大气层。地球大气的构成并不稳固,其中成分亦被生物圈所影响,如大气中大量的二氧化碳是地球植物通过太阳能量制造出来的。土壤和某些岩石中也有某些气体,是大气圈的地下部分,其深度一般不超过2km。

大气圈的范围在地面以上2 000～3 000km,向上逐渐稀薄,无明显上界。由于地心引力的作用,大气圈79%的质量集中在地面以上18km范围内,97%的质量聚集在地面以上29km范围内。随着高度的增加,大气组分状态由分子状态过渡到原子状态,再到离子状态。大气层形成了地球表面和太阳之间的缓冲。

2. 水圈

地球是太阳系中唯一表面含有液态水的行星。水覆盖了地球表面71%的面积(96.5%是海水,3.5%是淡水)。它与大气圈、生物圈和地球内圈的相互作用,直接关系到影响人类活动的表层系统的演化。水圈也是外动力地质作用的主要介质,是塑造地球表面最重要的角色。它指地壳表层、表面和围绕地球的大气层中存在着的各种形态的水,包括液态、气态和固态的水。

我们所熟知的珍珠、珊瑚、贝壳、砗磲、玳瑁等有机宝石均来自于大海,珍珠被誉为宝石皇后,珊瑚则素来有海底黄金的美誉。

3. 生物圈

地球是目前已知的唯一拥有生命存在的地方,生物圈大约是海平面上下10km。这些生物包括动物、植物和微生物。生物分布的范围相当广泛,大量生物集中在地表和水圈上层。所以,生物圈与大气圈、水圈以及岩石圈是互相渗透的,没有严格的界线。生物圈通常据信始于自35亿年前的进化。

三、地球内部圈层构造

在地震法引入地球研究以后,人们才对地球的内部构造逐步有所了解。以两个极重要的间断面——莫霍面和古登堡面为界,将地球内部划分为地壳、地幔和地核三大部分。

1. 地壳

如图2-1所示,莫霍面以上由固体岩石组合而成的圈层即地壳(crust),它是固体地球最外层的薄壳。地壳的特点是横向变化大,厚度各地不一。在大陆,平均厚度为33km,最厚可达70～80km;在海洋范围,平均厚度仅6km,最厚8km。在地壳中存在一个不连续的次级界面,将地壳分为上、下两个部分。上地壳厚约15km,主要成分是Si(73%)和Al(13%),所以又称硅铝层或花岗质岩壳。下地壳主要成分是Si(49%)、Fe、Mg(18%)和Al(16%),所以又称硅镁层或玄武质岩壳。绝大部分宝石为硅酸盐类矿物,均产自于地壳。

2. 地幔

从地核外围约2 900km深处的古登堡面一直延伸到约33km深处莫霍面不连续面的区域被称作地幔(mantle),是地球的主体。下地幔一般被认为是固态的,上

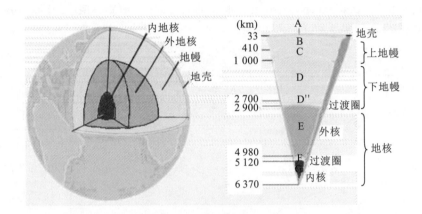

图 2-1 地球内部圈层构造

地幔一般则认为是由较具有塑性固态物质所构成。

地幔特别是上地幔与地壳的关系极为密切。其顶部盖层仍由固体岩石组成，习惯上将它与地壳一起合称岩石圈（lithosphere）。岩石圈以下，推测是由于放射性元素富集造成温度异常，引起岩石熔化，所以又称为软流圈。这里可能是岩浆发源地，热对流活动活跃，推动了岩石圈板块的运动。岩石圈和软流圈是地质构造发生、发展的区域，它们一起被称为构造圈。

3. 地核

古登堡面以下直至地心的部分，称为地核（core）。深度为 2 891～6 371km。地球的平均密度为 5 515kg/m³，是太阳系中密度最高的行星。但地球表面物质的密度只有大约 3 000kg/m³，所以一般认为在地核中存在高密度的物质，科学家推测地核大部分是由铁所组成（占 80%），其余物质基本上是镍和硅。

第二节　地质作用与宝石的形成

一、地质作用

地球是一个充满活力，不断发展、变化的星球。地球的内部和表面无时无刻不在运动变化着，这些发展变化都是由自然动力造成的。这种内外的自然动力（地质营力）引起地壳物质组成、内部结构和地表形态变化及发展的作用称为地质作用（geological process）。根据地质营力来自于地球内部和外部，地质作用可划分为内力地质作用(endogeneous geological process)和外力地质作用(exogeneous geological process)(表 2-1)。

表 2-1 地质作用的类型

地质作用			
地质作用	外力地质作用	按地质营力划分	地面流水地质作用
			海洋地质作用
			地下水地质作用
			冰川地质作用
			风的地质作用
			湖泊地质作用
			生物地质作用
		按作用程序划分	风化作用
			剥蚀作用
			搬运作用
			沉积作用
			成岩作用
	内力地质作用		构造作用
			岩浆作用
			变质作用
			地震作用

1. 内力地质作用

由内地质营力引起,使地壳或岩石圈的物质成分、内部结构以及地表形态发生改变的作用称为内力地质作用。其能源主要来自于地球内能,地球内能的积累与地球内部的放射性物质衰变有关。内力地质作用是促进地球、特别是岩石圈演化与发展的主要原因。它包括构造作用、岩浆作用、变质作用和地震作用。这些作用或者造成岩石圈、地壳的机械变形,或者造成岩浆的侵入、喷出,或者造成岩石成分或结构构造的变化,或者引起地面的快速颤动。这些地质作用改变了地壳的面貌,造就了丰富的矿产资源,形成多姿多彩的构造现象(图 2-2)。

第二章 普通地质学基础

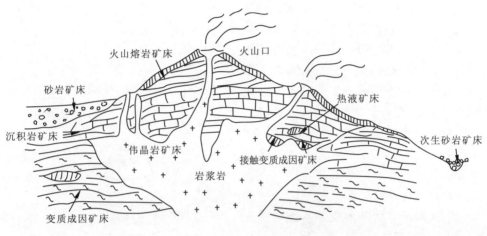

图 2-2 矿床成因综合模式简图

2. 外力地质作用

由外地质营力引起,使地壳物质成分和地表形态发生改变的作用称为外力地质作用。也就是由太阳能和日月引力能并通过大气、水、生物等因素引起的地质作用,主要发生在地壳的表层。按作用程序可划分为风化作用、剥蚀作用、搬运作用、沉积作用和成岩作用。

在地表条件下,自然界的岩石受到水、冰、风、生物等因素影响,在原地发生机械崩解或化学分解,形成松散的堆积物的过程,称为风化作用。剥蚀作用是将风化产物从岩石上剥离下来,同时也对未风化的岩石进行破坏,不断改变着岩石的面貌。两者的区别在于风化作用是多种地质营力在原地对岩石进行破坏,而剥蚀作用是某一种地质营力在运动过程中对岩石进行破坏,并把破坏的产物带离原地。破坏产物被介质以不同形式搬运到新的环境中,在一定条件下(如流水的流速降低、溶液过饱和等)发生沉积,新形成的沉积物是松散的,经过长期的压实、脱水等成岩作用后,最终形成坚硬的岩石。

内力地质作用与外力地质作用是相互区别又相互联系的。内力地质作用造成了地表的高低起伏,控制着地球表面的基本轮廓;外力地质作用则降低地表的起伏,同时塑造着局部地表形态。

二、岩石的类型与宝石的形成

矿物是由地质作用或宇宙作用所形成的,具有一定的化学成分和内部结构,在一定物理化学条件下相对稳定的天然单质或化合物。通常为固体的无机晶质材料,也包括有机质的琥珀及非晶质材料欧泊、天然玻璃等,它们是岩石和矿石的基本组成单位。岩石则是在一定地质条件下,自然产出的具有一定结构、构造的矿物集合体。自然界中的岩石种类非常繁多,根据其成因可分为岩浆岩(火成岩)、沉积岩和变质岩三大类。宝石作为地质作用的产物,其形成的地质条件非常复杂。所有天然宝石的形成均与这三大岩石有着密不可分的联系。

三大岩石之间的界线并不能截然分开,其间有逐渐过渡的关系。因此它们虽然各自有其特征,但彼此间常有密切的联系,其相互关系和演变情况可以用图2-3表示。不过这种相互的关系,并

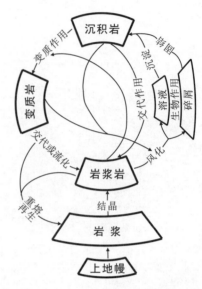

图 2-3 三大类岩石相互关系图

不是简单的循环重复,而是不断地向前发展的。

1. 岩浆岩

目前一般认为,岩浆是在上地幔和地壳深处形成的,以硅酸盐为主要成分的炙热、黏稠、富含挥发物质的熔融体。岩浆岩(magmatic rock)则是岩浆冷凝以后形成的岩石。但是岩浆在冷凝和结晶的过程中失去了大量挥发分,所以岩浆岩的成分与岩浆是不完全相同的。

根据岩浆的产状可将岩浆岩划分为侵入岩和火山岩。岩浆主要通过地壳变动,沿着薄弱地带上升逐渐冷却而凝结,如果在上升未到达地表即已冷凝,称之为侵入活动,由此而形成的岩浆岩称为侵入岩。在地下较浅处的侵入岩为浅成岩,在地下较深处(一般指3km以下)的侵入岩为深成岩。岩浆若沿构造裂隙上升,由火山通道喷出地表,称为喷出活动,由此而形成的岩浆岩称为火山岩。火山岩又可分为两种类型:一种是从火山喷发溢出的熔浆冷凝而成的岩石,叫作熔岩或喷出岩;另一种是由火山喷发出来的各种碎屑物质从大气中降落下来而成的岩石,叫作火山碎屑岩。

根据其化学成分,特别是SiO_2的含量可将岩浆岩划分为四类:超基性岩(SiO_2含量小于45%)、基性岩(SiO_2含量为45%～53%)、中性岩(SiO_2含量为53%～66%)、酸性岩(SiO_2含量大于66%)。虽然组成岩浆岩的矿物种类很多,但是主要矿物只有石英、钾长石、斜长石、黑云母、角闪石、辉石、橄榄石这七种,所以被称为

主要造岩矿物。其中石英、钾长石、斜长石这三种矿物中 SiO_2、Al_2O_3 含量高、颜色浅,称为浅色矿物(硅铝矿物);而黑云母、角闪石、辉石、橄榄石这四种矿物中 FeO、MgO 含量高,Si、Al 含量低,颜色深,称为暗色矿物(铁镁矿物)。见表 2-2。

表 2-2 岩浆岩分类

岩石类型	SiO_2 含量	主要矿物	深成岩	浅成岩	喷出岩
超基性岩	<45%	橄榄石、辉石	橄榄岩、辉长岩	金伯利岩(偏碱性)	苦橄岩
基性岩	45%~53%	辉石、斜长石	辉长岩、斜长岩	辉绿岩	玄武岩
中性岩	53%~66%	斜长石、角闪石(黑云母)	闪长岩	闪长玢岩	安山岩
酸性岩	>66%	钾长石、斜长石、石英(角闪石、黑云母)	花岗岩、花岗闪长岩	花岗斑岩	流纹岩

由岩浆成矿作用而形成,即产自于岩浆岩的宝石矿物有很多。例如,主要造岩矿物中的橄榄石、石英族中的各色水晶、钾长石中的月光石、斜长石中的晕彩拉长石、辉石族中的透辉石、顽火辉石等,都是宝石中的常见品种。其中有被大家所熟知的金伯利岩中产出的钻石(图 2-4)、石榴石,玄武岩中产出的橄榄石、蓝宝石,伟晶岩中产出的海蓝宝石(图 2-5)、托帕石、碧玺等。

图 2-4 产自于金伯利岩的钻石原石晶体　　图 2-5 产自于伟晶岩的海蓝宝石原石晶体

2. 变质岩

变质岩(metamorphic rock)是原岩(岩浆岩、沉积岩或早期形成的变质岩)在特定的环境中由于高温、高压和化学流体作用,在固态状态下发生物理化学变化而形成的岩石。变质岩占地壳总体积的 6%,如大理岩、蛇纹岩均为典型变质岩。

变质岩的物质成分既有原岩成分，也可有变质过程中新产生的成分，因此变质岩的成分是比较复杂的。变质岩可根据原来岩石的类型划分为两大类：由岩浆岩变质形成的岩石称为正变质岩；由沉积岩变质形成的岩石称为副变质岩。按变质作用的类型可将变质岩划分为以下五类：动力变质作用岩类、区域变质作用岩类、混合岩化作用岩类、接触变质作用岩类和热液变质作用岩类。许多宝石矿床的形成均与变质作用有关，如红宝石、尖晶石通常共生于大理岩中，祖母绿产自于片岩中，这两种岩石都是典型的由区域变质作用而形成的区域变质岩。软玉、翡翠、蛇纹岩等玉石都属于典型的热液变质作用岩类。

3. 沉积岩

沉积岩(sedimentary rock)是在地表或接近地表条件下，由母岩(岩浆岩、变质岩和早期形成的沉积岩)风化剥蚀的产物，经外力地质作用(搬运、沉积等)以及成岩作用而形成的岩石。沉积岩仅占岩石圈的5%，但其分布面积却占陆地的75%，大洋底部几乎全部为沉积岩所覆盖。

组成沉积岩的物质成分主要有矿物、各类岩屑、化学沉淀物、生物碎屑、有机质、杂质和胶结物。

按沉积作用方式和岩石成分可将沉积岩划分为碎屑岩、黏土岩(泥质岩)、化学及生物化学岩三大类。碎屑岩主要包括砾岩(粒径大于2mm)、砂岩(粒径为0.063~2mm)和粉砂岩(粒径为0.004~0.063mm)。黏土岩主要包括泥岩和页岩(粒径小于0.004mm)。化学及生物化学岩主要包括石灰岩、白云岩、硅质岩、磷质岩、锰质岩、煤及石油等。

沉积作用形成的宝石有欧泊、绿松石、孔雀石、绿玉髓、煤精、琥珀等。

综上所述，一些常见的宝玉石地质成因见表2-3。

表2-3 常见宝玉石的产出类型

岩石类型	宝石名称
岩浆岩	绿柱石(祖母绿、海蓝宝石、摩根石等)、金绿宝石(猫眼、变石)、蓝宝石、金刚石、石榴石、长石、橄榄石、水晶、托帕石、锆石、碧玺
变质岩	绿柱石(祖母绿、海蓝宝石、摩根石等)、红宝石、尖晶石、堇青石、翡翠、软玉、蛇纹石
沉积岩	欧泊、绿松石、孔雀石、绿玉髓、煤精、琥珀

习　题

一、名词解释
1. 岩浆岩
2. 变质岩
3. 沉积岩

二、选择题
1. 外力地质作用不包括(　　)。
   A. 风化作用　　　　　　　B. 剥蚀作用
   C. 变质作用　　　　　　　D. 沉积作用
2. 超基性岩中 SiO_2 的含量(　　)。
   A. $<45\%$　　　　　　　　B. $45\%\sim53\%$
   C. $53\%\sim66\%$　　　　　D. $>66\%$
3. 七种主要造岩矿物不包括(　　)。
   A. 石英　　　　　　　　　B. 钻石
   C. 黑云母　　　　　　　　D. 橄榄石
4. 花岗岩属于(　　)。
   A. 酸性浅成岩　　　　　　B. 中性浅成岩
   C. 基性深成岩　　　　　　D. 酸性深成岩
5. 蛇纹石玉属于(　　)。
   A. 岩浆岩　　　　　　　　B. 沉积岩
   C. 变质岩　　　　　　　　D. 花岗岩

三、问答题
1. 作为宝石材料必须具备哪三大主要特征？怎么理解这三大特征？
2. 简述地质作用的分类与联系。
3. 简述三大岩石的特征与典型产出宝石。

第三章 宝石矿物的化学成分

❖ 钻石和石墨都是由同一物质成分构成的,为什么差别那么大?

❖ 你知道有的宝石在太阳的暴晒下会干枯失水吗?

第一节 宝石的化学成分

矿物化学成分可分为两种类型:一类是由同种元素的原子自相结合而成的单质,即自然元素类,如钻石(C);另一类是由不同元素组成的化合物。化合物又可分为简单化合物,如红宝石(Al_2O_3)、水晶(SiO_2)、黄铁矿(FeS_2)等;复杂化合物,如绿松石$[CuAl_6(PO_4)_4(OH)_8·5H_2O]$等。从晶体化学的角度,宝石矿物可划分为含氧盐类、氧化物类和自然元素类等。

一、含氧盐类(oxysemifusinite)

大部分宝石矿物属于含氧盐类,其中又以硅酸盐类矿物居多。据统计,宝石矿物中硅酸盐类矿物约占一半,还有少量的磷酸盐、硼酸盐、碳酸盐类宝石。

1. 硅酸盐类(silicate)

在硅酸盐类矿物的晶体结构中,硅氧络阴离子配位的四面体$[SiO_4]^{4-}$是它们的基本构造单元(图3-1)。硅氧四面体在结构中可以孤立地存在,也可以其角顶相互连接而形成多种复杂的络阴离子(基型)。根据硅氧四面体在晶体结构中的连接方式,可分成以下五种。

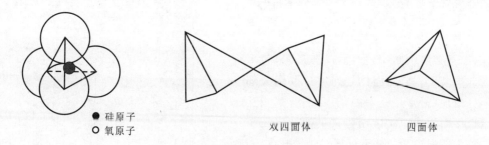

● 硅原子
○ 氧原子

双四面体　　　四面体

图3-1 硅氧四面体结构单元

(1)岛状结构:如图3-1所示,表现为单个硅氧四面体$[SiO_4]^{4-}$或每两个四面体以一个公共角顶相连组成双四面体$[Si_2O_7]^{6-}$在结构中独立存在。它们彼此之间靠其他金属阳离子(如Zr^{4+}、Fe^{2+}、Mg^{2+}、Ca^{2+}等)来连接,自身并不相连,因而呈独立的岛状。属于此类的宝石矿物有锆石($ZrSiO_4$)、橄榄石$[(Mg,Fe)_2SiO_4]$、石榴石$[A_3B_2(SiO_4)_3]$(其中A为Fe^{2+}、Mg^{2+}、Ca^{2+}、Mn^{2+}等二价阳离子,B为Al^{3+}、Fe^{3+}、Cr^{3+}等三价阳离子)、黄玉$[Al_2SiO_4(F,OH)_2]$、榍石$[CaTi(SiO_4)O]$等。

(2)环状结构:如图3-2所示,结构中包含由三个、四个或六个$[SiO_4]^{4-}$硅氧四面体所组成的封闭的环(分别叫三方环、四方环和六方环)。环内每一个四面体均以两个角顶分别与相邻的两个四面体连接,而环与环之间则靠其他金属阳离子连接。属于此类的宝石矿物有蓝锥矿($BaTiSi_3O_9$)(三方环)、绿柱石($Be_3Al_2Si_6O_{18}$)(六方环)、堇青石$[(Mg,Fe)_2Al_3AlSi_5O_{18}]$(六方环)和碧玺(六方环)等。

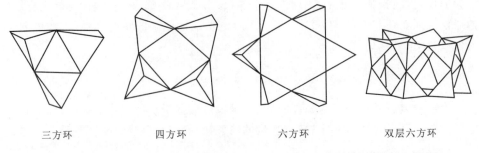

三方环　　　　四方环　　　　六方环　　　　双层六方环

图3-2　环状结构硅酸盐矿物结构中的几种骨干环

(3)链状结构:如图3-3所示,指每一个$[SiO_4]^{4-}$四面体以两个角顶分别与相邻的两个$[SiO_4]^{4-}$四面体连成一条无限延伸的链,链与链之间通过其他金属阳离子来连接。属于此类的宝玉石有翡翠、软玉、透辉石和蔷薇辉石等。

(4)层状结构:如图3-4所示,各个硅氧$[SiO_4]^{4-}$四面体之间通过共用大部分角顶(通常是3/4的角顶)的方式相互连接而组成二维无限延展的层。宝石矿物中的一些彩石、印章石(如青田石、寿山石)以及蛇纹石属于此类。

(5)架状结构:如图3-5所示,每个$[SiO_4]^{4-}$四面体均以其全部的四个角顶与相邻的四面体连接,组成在三维空间中无限延展的骨架。例如方钠石的硅氧骨架可看成由一系列四方环或六方环连接而成。属于此类的宝石矿物有月光石、日光石、拉长石、天河石和方柱石等。

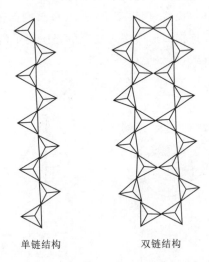

单链结构　　双链结构

图3-3　链状结构硅酸盐矿物结构中的几种骨干

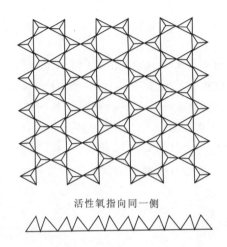
活性氧指向同一侧

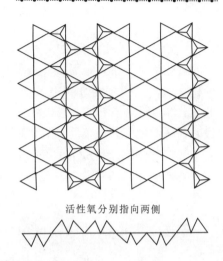
活性氧分别指向两侧

图 3-4　层状结构硅酸盐矿物结构中的几种骨干

2. 磷酸盐类(phosphate)

该类含有磷酸根$[PO_4]^{3-}$。由于半径较大,因而要求半径较大的阳离子(如Ca^{2+}、Pb^{2+}等)与之结合才能形成稳定的磷酸盐。此类矿物成分复杂,往往有附加阴离子。典型宝石矿物有磷灰石$[Ca_5(PO_4)_3(F, Cl, OH)]$和绿松石$[CuAl_6(PO_4)_4(OH)_8·5H_2O]$等。

3. 碳酸盐类(carbonate)

该类矿物晶体结构中的特点是具有$(CO_3)^{2-}$阴离子,$(CO_3)^{2-}$呈等边三角

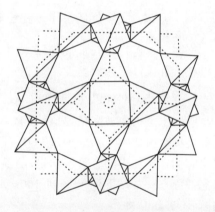

图 3-5　架状结构硅酸盐硅氧骨干

形,碳作为阳离子位于三角形的中央,三个氧离子围绕碳分布在三角形的三个角顶上,C—O之间以共价键联系,二价阳离子Mg^{2+}、Fe^{2+}、Zn^{2+}、Mn^{2+}、Ca^{2+}等与$(CO_3)^{2-}$阴离子组成碳酸盐矿物。典型宝石矿物有菱锰矿、方解石、白云石等。

4. 硼酸盐类(borate)

该类矿物晶体中的$(BO_3)^{3-}$和$(BO_4)^{5-}$两种阴离子是硼酸盐的基本构成单元,在晶体结构中与硅酸盐极为相似,可以独立出现形成岛状结构,也可以通过共角顶相连接形成环状、链状、层状、架状结构的硼酸盐。典型宝石矿物有硼铝镁石。

二、氧化物类(oxyde)

氧化物是一系列金属或非金属阳离子与氧离子 O^{2-} 化合(以离子键为主)而成的化合物,其中包括含水氧化物。这些金属和非金属元素主要有 Si、Al、Fe、Mn、Ti、Cr 等。阴离子 O^{2-} 一般按立方或六方最密堆积,而阳离子则充填于其四面体或八面体空隙中。属于简单氧化物的宝石有刚玉矿物(Al_2O_3)的红宝石、蓝宝石,石英族矿物(SiO_2 和 $SiO_2 \cdot nH_2O$)的紫晶、黄晶、水晶、烟晶、芙蓉石、玉髓、欧泊、蛋白石及金红石(TiO_2)等。复杂的氧化物宝石矿物有尖晶石[$(Mg,Fe)Al_2O_4$]和金绿宝石[$BeAl_2O_4$]等。

三、自然元素类(elementary substance)

有些金属和半金属元素可呈单质独立出现。属于此类的宝石矿物有钻石(C)、自然金(Au)、自然银(Ag)等。

四、宝石矿物中的水(water in gem minerals)

许多宝石矿物含有水,根据矿物中水的存在形式及它们在晶体结构中的作用,可以把水分成以下几大类。

1. 吸附水(absorption water)

吸附水是不参加晶格,只存在于宝石矿物的表面、裂隙或渗入宝石集合体颗粒间隙机械吸附的中性水分子(H_2O)。吸附水不属于矿物的化学成分,不写入化学式。它们在矿物中的含量不固定,随温度和湿度变化而不同。吸附水可以呈气态、液态或固态。常压下温度达到 100~110℃时,吸附水就基本上从宝石矿物中逸出,而不破坏晶格。

另外,有些隐晶质或非晶质(相当于水胶凝体)物质中含有一种特殊类型的吸附水,称为胶体水。它被微弱的联结力固着在微粒的表面,通常计入矿物的化学组成,但其含量变化很大。例如欧泊,其分子式为 $SiO_2 \cdot nH_2O$(n 为 H_2O 分子数,不固定)。

2. 结晶水(crystal water)

结晶水以中性水分子(H_2O)存在于矿物中,在晶格中占有固定的位置,起着构造单位的作用,是矿物化学组成的一部分。水分子的数量与矿物其他成分之间有固定的比例。结晶水从矿物中逸出的温度一般不超过 600℃,通常为 100~200℃。当结晶水失去时,晶体的结构将被破坏并形成新的结构。比如绿松石就是一种含结晶水的磷酸盐,分子式为 $CuAl_6(PO_4)_4(OH)_8 \cdot 5H_2O$,其中 H_2O 含量达 19.47%。

3. 结构水(constitutional water)

结构水(也称化合水)是以 OH^-、H^+、H_3O^+ 等离子形式参加矿物晶格的"水",其中 OH^- 形式最为常见。结构水在晶格中占有固定的位置,在组成上具有确定的比例。由于与其他质点有较强的键力联系,结构水需要较高的温度(通常在 600~1000℃之间)才能逸出。当其逸出后,晶体结构完全破坏。

许多宝石矿物都含有这种结构水,如碧玺 $[NaMg_3Al_6(Si_6O_{18})(BO_3)_3(OH)_4]$、十字石 $[Fe_2Al_9(SiO_4)_4O_6(O,OH)_2]$、黄玉 $[Al_2SiO_4(OH,F)_2]$ 和磷灰石 $[Ca_5(PO_4)_3(F,Cl,OH)]$ 等。

第二节 类质同象与同质多象

宝石矿物的化学成分和晶体结构是决定一个宝石品种的两个最本质的因素。化学成分相同,晶体结构不同,就有可能是两种完全不同的物质。同样,只考虑其晶体结构而不考虑化学成分也无法确定一个宝石种。例如,化学成分为碳(C)的固体,只有当 C 以立方对称排列时,才能确定其为钻石或金刚石;而当 C 以六方对称排列时,则为石墨(图4-2、图4-3)。同样,都具立方面心格子构造的固体,化学成分为 NaCl 时,为石盐;而化学成分为 CaF_2 时,其为萤石。因此,化学成分是宝石矿物存在的物质基础,晶体结构是其存在的表现形式,二者是相互依存的。很显然,矿物的化学成分和晶体结构是决定宝石一切性质的最基本因素。

作为一种宝石,其化学成分可分为主要化学成分、次要或微量成分。主要化学成分是指能保持其结构的化学成分,缺失某个主要化学成分,其结构便不能存在或保持。但在保持其结构和物化性质基本不变的条件下,主要化学成分是可以有一定变化的,或者说它可以有一个变化范围。如刚玉宝石,是具三方对称的 Al_2O_3,不含任何次要或微量成分时,呈无色透明,Al^{3+} 和 O^{2-} 均为其主要化学成分。但 Al^{3+} 可以被少量的 Cr^{3+} 所替代,而呈现红色,这时的 Cr^{3+} 就可称为刚玉的次要化学成分或微量元素。当然,Cr^{3+} 的替代量是有限的,更不能全部替代 Al^{3+},否则就不能保持其三方对称的结构,刚玉也就不能存在了。引起矿物化学成分变化的原因很多,主要是类质同象替代和一些微细组分的机械混入(可以内含物形式存在)。对宝石矿物而言,杂质组分的介入是极其重要的,它可使宝石矿物呈现各种漂亮迷人的颜色(如祖母绿因含有微量 Cr^{3+} 元素而呈现美丽的翠绿色),也可使部分宝石矿物具有特殊的光学效应(如星光效应和猫眼效应等)。

一、类质同象的概念

晶体结构中的某些质点 A(原子、离子、络离子或分子)的位置,一部分被性质相近的其他质点 B 所占据,但其晶体结构型式、化学键类型及离子正负电荷的平衡保持不变或基本不变,仅晶胞参数和物理性质(折射率、密度等)发生不大变化的现象称为类质同象(isomorphism)。形成类质同象的晶体称之为类质同象混晶。

1. 根据晶体中一种质点被另一种质点代替的数量限度的不同,可将类质同象分为以下两种类型

1)完全类质同象(complete isomorphism series)

相互替代的质点可以任意比例替代,即替代的数量是无限的,则称之为完全类质同象,形成一个成分连续变化的系列。例如,镁铝榴石[$Mg_3Al_2(SiO_4)_3$]和铁铝榴石[$Fe_3Al_2(SiO_4)_3$]之间,由于 Mg 和 Fe 可以任意比例互相替代,从而构成一个各种比值连续的类质同象系列:$Mg_3Al_2(SiO_4)_3$—$(Mg,Fe)_3Al_2(SiO_4)_3$—$(Fe,Mg)_3Al_2(SiO_4)_3$—$Fe_3Al_2(SiO_4)_3$,即镁铝榴石、铁镁铝榴石、镁铁铝榴石和铁铝榴石。

又如,橄榄石$(Mg,Fe)_2(SiO_4)$中的 Mg^{2+}↔Fe^{2+} 之间的替代,当二者都存在时,可统称为橄榄石;当 Mg 全部被 Fe 替代时,便成为铁橄榄石 $Fe_2(SiO_4)$;Fe 全部被 Mg 替代时,就成为镁橄榄石 $Mg_2(SiO_4)$。

2)不完全类质同象(incomplete isomorphism series)

质点替代只局限于某一个有限的范围内,则称之为不完全类质同象。例如闪锌矿(ZnS)中的 Zn^{2+} 可部分地(最多 26%)被 Fe^{2+} 所替代,在这种情况下,Fe^{2+} 被称为类质同象混入物。

2. 根据相互替代的质点电价的异同,可将类质同象分为以下两种类型

(1)相互替代的质点电价相同时(如 Na^+↔K^+,Fe^{2+}↔Mg^{2+})称之为等价类质同象(isovalent isomorphism)。

(2)相互替代的质点电价不同时(如 Al^{3+} 替代 Si^{4+})则称之为异价类质同象(heterovalent isomorphism),当然必须有电价的补偿以维持电价平衡。例如在钠长石($NaAlSi_3O_8$)—钙长石($CaAl_2Si_2O_8$)系列中,$Al^{3+}+Ca^{2+}=Si^{4+}+Na^+$。

二、类质同象的条件

类质同象是类似质点的相互替代,不类似质点之间的相互替代将会引起晶格的破坏,分解成两个独立的矿物。形成类质同象的条件,一方面取决于质点本身的性质,如原子或离子半径大小、电价、离子类型、化学键性等;另一方面也取决于外部条件,如温度、压力和介质条件等。

1. 质点大小相近

相互替代的质点半径相差越小,相互替代的能力越强,替换量也越大;反之则越弱、越小。

2. 相同的化学键性

一般质子类型相近，形成键性相一致，才能发生类质同象。因为离子类型不同，极化力强弱各异。惰性气体型离子易形成离子键，而铜型离子则趋向于共价键结合。例如，在硅酸盐宝石矿物中，Al—O 之间和 Si—O 之间都主要是共价键，因而经常出现 Al^{3+} 对 Si^{4+} 的替代。又如 Ca^{2+}（惰性气体型）和 Hg^{2+}（铜型）虽然电价相同、半径相似，但因离子类型不同，所形成键性各异，所以它们之间不产生类质同象替代，这就是为什么在硅酸盐中很难发现 Ca、Hg 等类质同象的原因。

3. 电价的总和平衡

在离子化合物中，类质同象替代前后离子电价总和应保持平衡，因为电价不平衡将引起晶体结构的破坏。

对于异价类质同象，电价的平衡可以通过下列方式完成。

（1）电价较高的阳离子被数量较多的低价阳离子替代（如云母中 $3Mg^{2+}$ 替代 $2Al^{3+}$），或者相反。

（2）成对替代，即高价阳离子替代低价阳离子的同时另有其他低价阳离子替代高价阳离子，使离子总电位达到平衡，如斜长石中 $Na^+ + Si^{4+} \rightarrow Ca^{2+} + Al^{3+}$、蓝宝石中 $Fe^{2+} + Ti^{4+} \rightarrow 2Al^{3+}$ 等。

（3）高价阳离子替代低价阳离子伴随高价阴离子替代低价阴离子，如磷灰石 $(Ca^{2+}, Ce^{3+})_5(PO_4)_3, (F, O)$ 中 Ce^{3+} 替代 Ca^{2+} 伴随 O^{2-} 替代 F^-。

（4）低价阳离子替代高价阳离子，所亏损的电价由附加阳离子平衡，如绿柱石中 $Li^+ \rightarrow Be^{2+}$、$Fe^{2+} \rightarrow Al^{3+}$ 所亏损的正电荷分别由半径较大的 Cs^+ 和 Na^+ 进入绿柱石结构通道中平衡。

4. 热力学条件

介质的温度、压力和组分浓度等外部条件对类质同象的发生也起着重要的作用。

一般来说，温度升高时类质同象替代的程度增大，温度下降时则类质同象替代的程度减弱。如在高温下碱性长石中 K^+ 和 Na^+ 可以互相呈类质同象替代而形成 $(K,Na)AlSi_3O_8$ 或 $(Na,K)AlSi_3O_8$ 固溶体；但在低温下则发生固溶体分离，而形成由钾长石 $KAlSi_3O_8$ 和钠长石 $NaAlSi_3O_8$ 两种矿物组成的条纹长石。

压力的增加往往会限制类质同象替代的范围，并促使固溶体分离。组分的浓度对类质同象也会有影响，如在磷灰石的形成过程中，若 P_2O_5 的浓度很大，而 Ca 含量不足，则 Sr 和 Ce 族元素可以进入晶格占据 Ca 的位置，从而使磷灰石中聚集大量的稀有元素或分散元素。

三、类质同象对宝石矿物物理性质的影响

1. 对宝石矿物颜色的影响

类质同象对于宝石矿物具有非常重要的意义,因为大部分宝石矿物是由于少量类质同象混入物而呈现各种美丽诱人的颜色。

1)刚玉

纯净的刚玉是无色的,其化学成分为 Al_2O_3,当其中 Al^{3+} 被微量 Cr^{3+} 所替代时呈现玫瑰红—红色色调,称之为红宝石;当 Al^{3+} 被微量 Ti^{4+} 和 Fe^{2+} 所替代时呈现漂亮的蓝色,称之为蓝宝石。Fe^{2+} 和 Ti^{4+} 含量越高则蓝宝石的蓝色越深,反之越浅。我国山东蓝宝石的深蓝色就是其中含有过多的 Fe^{2+} 所致。

2)碧玺

碧玺的化学成分很复杂,为 $(Na,Ca)(Mg,Fe,Cr,Li,Al,Mn)_3Al_6[Si_6O_{18}](BO_3)_3(OH,F)$,结构中类质同象替代非常广泛,也导致了电气石具有各种各样的颜色,被誉为"落入人间的彩虹"。在碧玺的化学组成中,Mg^{2+}—Fe^{2+} 之间和 Fe^{2+}—Li^+、Al^{3+} 之间呈完全类质同象,其中 $3Fe^{2+} \to 2Al^{3+} + Li^+$ 替代的负电荷不足,由附加阴离子中 OH^- 被 O^{2-} 替代来补偿;Mg^{2+} 和 Li^+ 之间的替代,以及 Mg^{2+}、Fe^{2+} 和 Cr^{3+}、Mn^{2+} 之间的替代都是不完全的。当碧玺化学组成中以 Fe^{2+} 为主时,呈深蓝色甚至黑色;富含 Mg^{2+} 时,呈黄色—褐色;富含 Li^+ 和 Mn^{2+} 时,则呈玫瑰色或浅蓝色;富含 Cr^{3+} 时,则呈深绿色。

3)翡翠

翡翠主要由硬玉矿物组成,硬玉的化学组成为 $NaAlSi_2O_6$。纯净的硬玉岩是白色的,当硬玉化学组成中的 Al^{3+} 被 Cr^{3+}、V^{3+} 替代时,呈鲜艳的绿色。Cr^{3+} 的质量分数在 1%~2% 之间时,翡翠的颜色最美丽,呈浓艳的绿色,且为半透明;而当 Cr^{3+} 含量大于 50% 时,物相发生变化,硬玉转化为钠铬辉石,翡翠则呈不透明的墨绿色,即市场俗称的干青种翡翠。当硬玉化学组成中的 Al^{3+} 同时被 Fe^{2+} 和 Fe^{3+} 替代时,则呈紫色,当然也有人认为翡翠的紫色是由于含有 Mn^{2+} 或 K^+ 造成的。

小贴士

Fe 的作用 { 1. 强烈的吸收光线 2. 强烈的抑制荧光 3. 使宝石的折射率值增大

2. 对宝石矿物折射率、相对密度和硬度的影响

类质同象不但使宝石矿物的化学成分发生一定程度的改变,而且也在一定程

度上影响它的折射率和相对密度等物理性质(将在第六章中作详细讲解)。

1) 碧玺

如前所述,碧玺的颜色基本上受类质同象的种类和程度的影响,实际上其相对密度和折射率也与类质同象有着密切的联系。镁电气石[$NaMg_3Al_6Si_6O_{18}(BO_3)_3(OH)_4$]中的$Mg^{2+}$和锂电气石[$Na(Li,Al)_3Al_6Si_6O_{18}(BO_3)_3(OH,F)_4$]中的$Li^+$、$Al^{3+}$都有可能被$Mn^{2+}$和$Fe^{2+}$替代。研究表明,随着碧玺成分中$Mn^{2+}$、$Fe^{2+}$的增加,电气石的相对密度(3.03~3.25)、折射率(No=1.635~1.675,Ne=1.610~1.650)和双折射率(0.016~0.033)都随之增大。

2) 绿柱石

在绿柱石[$Be_3Al_2Si_6O_{18}$]组成中,当Be^{2+}被Li^+替代时,含Cs^+越高,则绿柱石的相对密度(2.6~2.9)、折射率(No=1.566~1.602,Ne=1.562~1.594)和双折射率(0.004~0.009)也越高。

3) 橄榄石

在橄榄石[$(Mg,Fe)_2SiO_4$]组成中,Fe^{2+}和Mg^{2+}的完全类质同象随着Fe^{2+}含量增加,不但橄榄石的颜色加深,而且相对密度(3.32~3.37)和折射率(1.65~1.69)也逐渐增大,摩氏硬度(H=6.5~7)也略有增加。

四、同质多象

化学组成相同的物质,在不同的物化条件下结晶成具有不同晶体结构的晶体的现象称为同质多象(polymorphism)。如钻石和石墨是两种非常不同的材料,一个具有作为宝石所需要的重要特征,而另一个则是重要的工业用润滑剂。

如图3-6所示,相同化学成分(Al_2SiO_5)的矿物在不同的温度压力下形成同

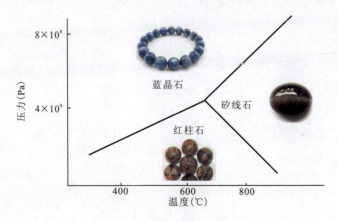

图3-6 同质多象变体的蓝晶石、红柱石、矽线石

质多象变体的蓝晶石(三斜晶系)、红柱石(斜方晶系)、矽线石(斜方晶系)。

习 题

一、名词解释

1. 类质同象
2. 吸附水
3. 结晶水
4. 结构水

二、判断题

1. 同一种化学组分的晶体只能有一种晶体结构。　　　　　　　　　　(　　)
2. 属于简单氧化物的宝石有红宝石、芙蓉石、金绿宝石等。　　　　　(　　)
3. 金绿宝石是铍铝硅酸盐矿物。　　　　　　　　　　　　　　　　　(　　)
4. 镁铝榴石和锰铝榴石可以形成完全类质同象。　　　　　　　　　　(　　)
5. 金刚石与石墨属于同质多象。　　　　　　　　　　　　　　　　　(　　)
6. 欧泊中的水以结晶水的形式存在。　　　　　　　　　　　　　　　(　　)
7. 矿物中的结晶水是其化学组成的一部分。　　　　　　　　　　　　(　　)
8. 类质同象中相互替代的质点半径相差越小,相互替代的能力越强,替换量也越大;反之则越弱、越小。　　　　　　　　　　　　　　　(　　)
9. 当碧玺化学组成中以 Fe^{2+} 为主时,呈深蓝色甚至黑色;富含 Cr^{3+} 时,则呈深红色。　　　　　　　　　　　　　　　　　　　　　　　(　　)

三、选择题

1. 自然界中分布最多的矿物是(　　)。

    A. Al_2O_3　　　　　　　　　　B. Fe

    C. $CaCO_3$　　　　　　　　　　D. SiO_2

2. 硅酸盐类矿物中的石榴石属于(　　)。

    A. 岛状结构　　　　　　　　　　B. 链状结构

    C. 层状结构　　　　　　　　　　D. 架状结构

3. 红宝石的化学式是(　　)。

    A. $BeAl_2O_4$　　　　　　　　　B. Al_2O_3

    C. $CaCO_3$　　　　　　　　　　D. SiO_2

4. 尖晶石的化学式是(　　)。

    A. $BeAl_2O_4$　　　　　　　　　B. Al_2O_3

    C. $(Mg,Fe)Al_2O_4$　　　　　　 D. SiO_2

5.Fe 在宝石成分中起到哪些作用？（　　）
A.强烈地吸收光线　　　　　　B.强烈地抑制荧光
C.使宝石地折射率值增大　　　D.以上都对
6.翡翠显示最漂亮的颜色,这时翡翠中 Cr^{3+} 的质量分数在（　　）。
A.1%～2%　　　　　　　　　B.0.5%～1%
C.3%～5%　　　　　　　　　D.＞50%

四、问答题

1.什么是类质同象？类质同象可以划分为哪些类型？
2.简述类质同象对宝石物理性质的影响。

第四章　宝石的结晶学特征

❖ 为什么有些天然宝石矿物呈现规则的几何外形？

❖ 宝石矿物的这种规则的几何外形有规律可循吗？

第四章 宝石的结晶学特征

第一节 晶体的概念与基本性质

大多数宝石都是自然形成的矿物,它们具有一定的化学成分和内部结构。除极少数外,它们的原子或离子相互间按一定的规律排列,自发地形成几何多面体的外形,具有这种特征的矿物称之为晶体(晶质),如水晶、钻石等。一些宝石矿物不具有这种有序的内部结构,因此也不具有规则的几何外形,称之为非晶体(非晶质),如玻璃、欧泊等。

一、晶体与非晶体

1. 晶体(crystal)

晶体是指内部质点(原子、离子或分子)在三维空间内进行规则、有序的周期性重复排列构成的固体物质。这种质点在三维空间的周期性重复排列也称为格子构造,所以晶体是具有格子构造的固体。

2. 非晶体(non‑crystal)

与晶体相反,不具有格子构造的物质称之为非晶体或非晶质。

图 4-1 是晶体与非晶体的内部质点平面结构示意图,由图可见,晶体的内部结构中的原子、离子是有规律排列的,具有格子构造;而非晶体的内部结构是不规律的,不具有格子构造。但是,非晶体的内部在很小的范围内也是具有某些有序性的(如一个小黑点周围分布有三个小圆圈),这种有序性与晶体结构中的一样。我

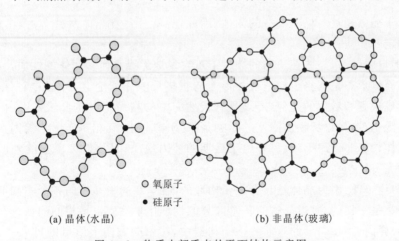

图 4-1 物质内部质点的平面结构示意图

们将这种局部的有序称为近程规律,而将整个结构范围的有序称为远程规律。晶体既有近程规律又有远程规律,非晶体则只有近程规律。

晶体与非晶体在一定条件下是可以相互转化的。例如,岩浆迅速冷凝而形成的火山玻璃,在漫长的地质年代中,其内部质点进行着很缓慢地扩散、调整,趋向于规则排列,即由非晶态转化为晶态,这一过程称为晶化或脱玻化。

二、晶体的基本性质

对于某一种晶体而言,格子构造是不变的;对于不同晶体而言,格子构造是不同的。同种物质的质点排列不同也会导致完全不同的两种晶体,呈现完全不同的性质。例如金刚石与石墨,原子的排列形式如图4-2、图4-3所示。

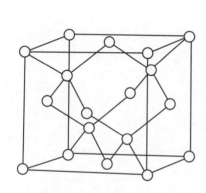
图4-2 金刚石的结构

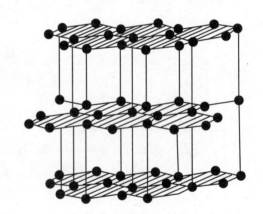
图4-3 石墨的结构

由于晶体是具有格子构造的固体,因此,也就具备着晶体所共有的、由格子构造所决定的性质。

(1)自限性:指晶体在适当的条件下可自发地形成几何多面体的性质。晶体的几何多面体形态是其格子构造在外形上的直接反映。理论上,所有的宝石晶体都可以形成规则和对称的几何外形,具有天然完整的晶面。但在自然界中由于生长环境的限制,诸如自身物质浓度的影响,各种矿物共生、互相挤压影响等因素,多数矿物晶体趋于非理想形态;另外由于后期的外力地质作用,损坏了它的外形,降低了它的完美性。

(2)均一性:因为晶体是具有格子构造的固体,在同一晶体的各个不同部分,质点的分布是一样的,所以晶体的各个部分的物理化学性质也是相同的。

(3)异向性(各向异性):同一格子构造中,在不同方向上质点的排列一般是不一样的,因此,晶体的性质也随着方向的不同而有所差异。如蓝晶石的硬度差异较大,如图4-4所示,平行于晶体延长方向用小刀可刻动,而垂直于晶体延长方向用小刀则刻不动。

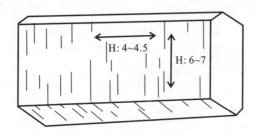

图4-4 蓝晶石的硬度

晶体的多面体形态也是其异向性的一种表现,无异向性的外形应该是球形的。在宝石晶体的力学、光学、热学等性质中,都有明显异向性的表现,如宝石的解理、双折射率、多色性等(这些内容都将在宝石的物理性质一章中作详细的讲解)。

晶体的均一性与异向性矛盾吗?

其实是不矛盾的,均一性是指晶体的不同部分在同一个方向上的性质都是相同的,而异向性是指在晶体的不同方向上的性质是不同的。

(4)对称性:晶体具有异向性,这并不排斥晶体在某些特定的方向上具有相同的性质。在晶体外形上,也常有相等的晶面、晶棱和角顶重复出现。这种相同的性质在不同方向或位置上有规律地重复,就是对称性。对称性是晶体极其重要的性质,是晶体分类的基础。

(5)最小内能性:在相同的热力学条件下,晶体与同种物质的非晶体相比,其内能最小。所谓的内能,包括质点的动能与势能(位能)。动能与物体所处的热力学条件有关,因此相同热力学条件下,可用来比较内能大小的只有势能,势能取决于质点间的距离与排列。

晶体的内部质点是有规律地排列的,这种规律的排列是质点间引力与斥力达到平衡的结果。在这种情况下,无论是质点间的距离增大还是缩小,都将导致质点间相对势能的增加。实验表明,当物体由非晶态过渡到结晶状态时,都有热能的析出;相反,晶格的破坏也必然伴随着吸热效应。

(6)稳定性:在相同热力学条件下,晶体比具有相同化学成分的非晶体稳定,非晶体有自发转变为晶体的必然趋势,而晶体绝不会自发地转变为非晶体。这就是晶体的稳定性。晶体的稳定性是晶体具有最小内能的必然结果。

下面将晶体与非晶体的性质作一个总结性的对比,见表4-1。

表4-1 晶体与非晶体的性质对比

晶体	非晶体
钻石、红宝石、蓝宝石、碧玺等	玻璃、欧泊等
具有方向性的物理性质:多色性、解理、差异硬度	无对称型
外形和性质具有对称性	无规则的几何外形
有固定熔点,例如刚玉在2 045℃时熔化	无方向性的物理性质
具最小内能、稳定性——非晶质向晶质转化的趋势	无固定熔点

第二节 晶体的对称

所有的晶体都是对称的,晶体的对称(symmetry)取决于其内部质点的规律性排列,这是由格子构造所决定的。所以晶体的对称不仅仅体现在外形上,同时也体现在物理性质(如光学、力学、热学性质等)上,也就是说晶体的对称不仅包含着几何意义,也包含着物理意义。正是基于以上特点,晶体的对称可以作为晶体分类的最好依据。在结晶学基础中,晶体对称性成为研究的重点。

一、晶体的对称要素

研究对称时,使对称图形中相同的部分重复,必须通过一定的操作,这种操作就称为对称操作(symmetry operation)。在进行对称操作时,为使物体做有规律重复而凭借的一些假想的几何要素(点、线、面)称之为对称要素(symmetry element)。

1. 对称面(symmetry plane)

对称面是一个假象的平面,将一个晶体划分为互为镜像反映的两个相等部分。使用符号 P 表示。

图4-5(a)中 P_1 和 P_2 都是对称面,但是图4-5(b)中 AD 却不是图形 $ABDE$ 的对称面,因为它虽然把图形 $ABDE$ 平分为 $\triangle AED$ 和 $\triangle ABD$ 两个相等的部分,

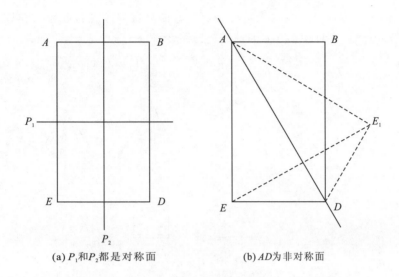

(a) P_1和P_2都是对称面　　　(b) AD为非对称面

图 4-5　对称面与非对称面

但是这两者并不互为镜像，△AED 和△AE_1D。

根据晶体的特点，晶体中对称面的可能数目是 0～9 个，立方体最高，有 9 个对称面(图 4-6)。

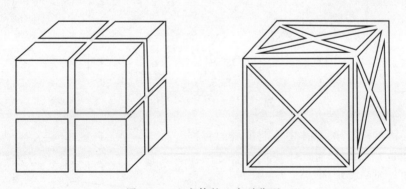

图 4-6　立方体的 9 个对称面

2. 对称轴(symmetry axis)

对称轴是指通过晶体中心的一根假想的直线。相应的对称操作是：当晶体围绕其旋转一定角度后，可使相同的部分重复。旋转 360°重复的次数称之为轴次 n，对称轴以符号 L 表示，轴次写在右上角，写作 L^n。

晶体外形上可能出现的对称轴(图 4-7)有二次对称轴(L^2)、三次对称轴(L^3)、四次对称轴(L^4)和六次对称轴(L^6)。轴次高于二次的对称轴，即L^3、L^4、L^6称为高次轴。下面以立方体为例进行说明(图4-8)。

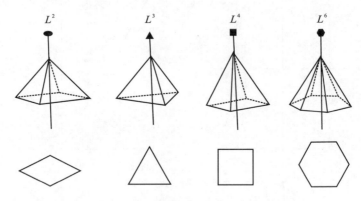

图4-7 晶体中的对称轴L^2、L^3、L^4、L^6

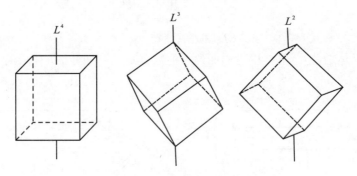

图4-8 立方体内的对称轴

晶体对称定律：晶体中可能出现的对称轴只能是L^2、L^3、L^4、L^6，不可能存在五次轴及高于六次的对称轴。

3. 对称中心(center of symmetry)

对称中心是一个假想的位于晶体中心的点，用符号C表示，相应的对称操作就是对此点的反伸。如果通过此点作任意直线，则在此直线上距对称中心等距离的两端必定可找到对应点。如图4-9所示，通过晶

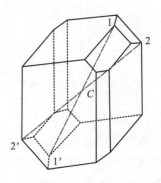

图4-9 具有晶体中心的图形

体中心 C 作任意直线,在直线上距对称中心 C 等距离的两端可以找到点 1 对应 $1'$,点 2 对应 $2'$。

在晶体中,对称中心 C 只可能有一个。凡是有对称中心的晶体,晶面总是成对出现且两两反向平行,同形等大(图 4-9)。有的晶体则没有对称中心(图 4-10),立方体有对称中心,而四面体和三方柱都没有对称中心。

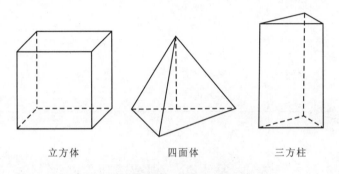

　　立方体　　　　　　四面体　　　　　　三方柱

图 4-10　四面体和三方柱都没有对称中心

二、对称型及记录方式

将一个晶体中所有对称要素组合起来称为该晶体的对称型(class of symmetry)。

记录方式:对称轴(由高次到低次)+对称面+对称中心,如 $L^3 3L^2 3PC$、$L^4 4L^2 5PC$。

根据晶体形态中可能存在的对称要素及其组合规律,推导出晶体中可能存在的对称型,归纳起来共有 32 种。

三、晶系的分类

根据晶体对称性的特点,可以把晶体划分成七大晶系。再根据晶体是否有高次轴和有几个高次轴,把七大晶系归纳为高、中、低级三个晶族。它们是晶体研究的基础,并对晶体的光学性质和力学性质都有着直接的影响。

高级晶族只有等轴晶系,它有一个以上的高次轴;中级晶族只有一个高次轴,包括四方晶系、三方晶系和六方晶系;低级晶族没有高次轴,包括三斜晶系、单斜晶系和斜方晶系(表 4-2)。

表 4-2 晶体的对称分类

晶族名称	晶系名称	对称特点（划分依据）	最高对称型
高级晶族（有多个高次轴）	等轴晶系（立方晶系）	有四个三次轴 $4L^3$	$3L^4 4L^3 6L^2 9PC$
中级晶族（一个高次轴）	三方晶系	只有一个 L^3	$L^3 3L^2 3PC$
	四方晶系	只有一个 L^4	$L^4 4L^2 5PC$
	六方晶系	只有一个 L^6	$L^6 6L^2 7PC$
低级晶族（没有高次轴）	斜方晶系	L^2 或 P 多于一个	$3L^2 3PC$
	单斜晶系	L^2 或 P 不多于一个	$L^2 PC$
	三斜晶系	无 L^2 和 P	C

第三节 晶体常数特点

由于晶体的各种特性（形态、物理性质等）都与晶体的方向有关，为了描述晶体的形态就必须对晶体进行定向。晶体定向就是在晶体中以晶体中心为原点建立一个坐标系，这个坐标系一般由三根晶轴（X、Y、Z 轴）组成，X 轴在前后方向，正端朝前；Y 轴在左右方向，正端朝右；Z 轴在上下方向，正端朝上（图 4-11）。三根晶轴正端之间的夹角称为轴角（crystal axial angle），分别表示为 $\alpha(Y \wedge Z)$，$\beta(Z \wedge X)$，$\gamma(X \wedge Y)$。对于三方晶系与六方晶系的晶体，通常用 X、Y、Z、U 四个轴来定向（图 4-12）。

晶轴的单位长度称为轴长（axial length），在 X、Y、Z 轴上分别用 a、b、c 表示，轴长之间的比率，即 $a:b:c$ 称为轴率（axial ratio）。轴率和轴角统称为晶体常数（crystal constant）。

晶轴方向的确定至关重要，需遵循以下三个选轴的原则：①尽量使晶轴沿着高次对称轴（与晶体的对称特点相符，一般都与对称要素作晶轴）；②尽量使高次对称轴直立；③尽量使晶轴夹角为 90°。

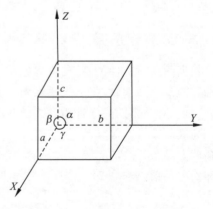

图 4-11 晶体定向（晶轴与轴角）

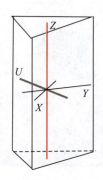
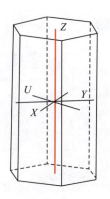

图 4-12 三方晶系、六方晶系晶体定向

一、等轴晶系(立方晶系)(cubic system)

该晶体有三个等长且互相垂直的结晶轴(图 4-13)。

晶体常数特点:$a=b=c,\alpha=\beta=\gamma=90°$。

最高对称型:$3L^4 4L^3 6L^2 9PC$。

常见单形为立方体、八面体、菱形十二面体和四角三八面体等(图 4-14)。

属于等轴晶系的宝石矿物有钻石、石榴石[(图 4-15(a)]、尖晶石、萤石、黄铁矿[图 4-15(b)]和方钠石等。

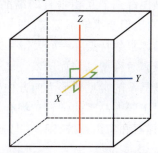

图 4-13 立方体中的晶体定向

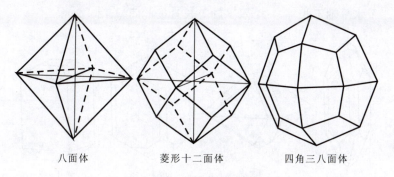

八面体　　　菱形十二面体　　　四角三八面体

图 4-14 等轴晶系的晶体

(a) 菱形十二面体的石榴石　　　　　　　　(b) 立方体的黄铁矿

图 4-15　等轴晶系的宝石晶体

二、四方晶系（tetragonal system）

晶体有三个互相垂直的结晶轴，其中两个水平轴等长，但与纵轴不等长（图 4-16）。

晶体常数特点：$a=b\neq c$，$\alpha=\beta=\gamma=90°$。

最高对称型：$L^4 4L^2 5PC$。

该晶系的常见单形为四方柱和四方双锥。

属于四方晶系的宝石矿物有锆石、金红石、锡石、方柱石和符山石等（图 4-17）。

三、三方晶系（trigonal system）

如图 4-12 所示，晶体有四个结晶轴，其纵轴与其他三个水平轴不相等，三个水平轴等长且彼此间呈 120°交角。

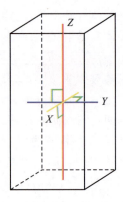

图 4-16　四方柱中的晶体定向

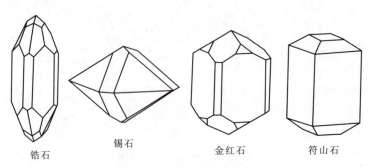

　　锆石　　　　　锡石　　　　　金红石　　　符山石

图 4-17　四方晶系的晶体

晶体常数特点：$a=b\neq c$，$\alpha=\beta=90°$，$\gamma=120°$。
最高对称型：$L^3 3L^2 3PC$。
该晶系的常见单形为三方柱、三方双锥、菱面体等。
属于三方晶系的宝石矿物有蓝宝石、红宝石、电气石（图4-18）、石英和菱锰矿等。

四、六方晶系（hexagonal system）

如图4-12所示，晶体有四个结晶轴，其纵轴与其他三个水平轴不相等，三个水平轴等长且彼此间呈120°交角。

晶体常数特点：$a=b\neq c$，$\alpha=\beta=90°$，$\gamma=120°$。
最高对称型：$L^6 6L^2 7PC$。
该晶系的常见单形为六方柱和六方双锥等。
属于六方晶系的宝石矿物有绿柱石（图4-19）、磷灰石和蓝锥矿等。

图4-18　三方柱的电气石

图4-19　六方柱的绿柱石

五、斜方晶系（orthorhombic system）

晶体有三个互相垂直但互不相等的结晶轴。
晶体常数特点：$a\neq b\neq c$，$\alpha=\beta=\gamma=90°$。
最高对称型：$3L^2 3PC$。
常见单形为斜方柱和斜方双锥等。
属于该晶系的宝石矿物有金绿宝石、橄榄石、黄玉、黝帘石、堇青石、红柱石、柱晶石、赛黄晶和顽火辉石等（图4-20）。

＊斜方晶系与四方晶系的单形区别在于斜方晶系的横截面是长方形或菱形，而四方晶系的横截面是正方形。

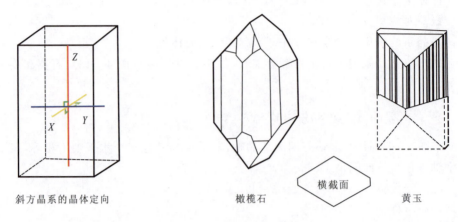

图 4-20 斜方晶系的晶体

六、单斜晶系（monoclinic system）

晶体具有三个互不相等的结晶轴，Y 轴垂直于 X 轴和 Z 轴，X 轴斜交于包含 Z 轴和 Y 轴的平面。

晶体常数特点：$a \neq b \neq c$，$\alpha = \gamma = 90°$，$\beta > 90°$。

最高对称型：L^2PC。

常见的单形包括（单斜晶系）斜方柱和平行双面。

属于该晶系的宝玉石有翡翠、透辉石、软玉、正长石和辉石等（图 4-21）。

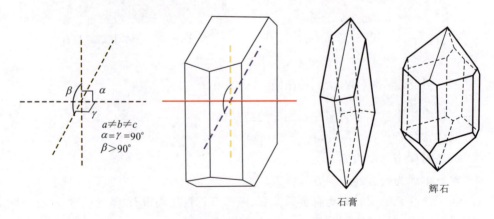

图 4-21 单斜晶系的正长石中晶体定向

七、三斜晶系(triclinic system)

晶体具有三个互不相等且相互斜交的结晶轴。

晶体常数特点:$a \neq b \neq c, \alpha \neq \beta \neq \gamma \neq 90°$。

最高对称型:C。

该晶系单形只有平行双面。

属于该晶系的宝石包括斜长石、绿松石、蔷薇辉石和斧石等(图4-22)。

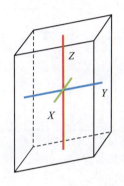 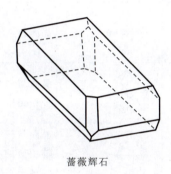 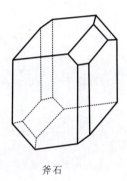

蔷薇辉石　　　　　　斧石

图4-22　三斜晶系的晶体

第四节　单形与聚形

理想的晶体可分为单形(simple form)和聚形(combinate form)两种。单形是指由对称要素联系起来的一组晶面的总和。同一单形的所有晶面同形等大(图4-23)。例如立方体的六个面都是大小一致的正方形,八面体是由八个相等的等边三角形组成。

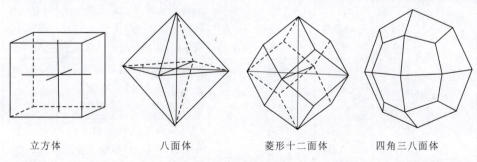

立方体　　　　八面体　　　　菱形十二面体　　　四角三八面体

图4-23　各种常见单形

自然界中各种常见的重要单形及其特征详见表4-3。

表4-3 各晶系中的重要单形及其特征

晶族	形态特征	晶系	单形名称	单形形状	晶面数目	晶面在空间上的分布特点以及晶面与晶轴的关系	备注
高级晶族	三向等长,晶体常呈粒状	等轴晶系	立方体		6	晶面与一轴垂直,与其他二轴平行,各晶面互相垂直	
			八面体		8	晶面与三轴相交相等	
			菱形十二面体		12	晶面与一轴平行,与其他二轴相交相等	
			四角三八面体		24	晶面与三轴相交,与其中二轴相交的截距相等,与另一轴相交的截距较短	
			五角十二面体		12	晶面与一轴平行,与其他二轴相交不等	
中级晶族	一向延长,晶体呈柱状、长柱状或短柱状	三方、六方晶系	菱面体		6	上、下各三晶面之交棱各相交于一点,上、下晶面交错60°	只在三方晶系中出现
			三方单锥		3	三个晶面之交棱相交于一点,横断面呈正三角形	只在三方晶系中出现
			三方双锥		6	必与Z轴相交,上、下各三个晶面之交棱各相交于一点,呈双锥状,横断面呈正三角形	只在三方晶系中出现
			三方柱		3	三个晶面之交棱互相平行,并平行于Z轴,横断面呈正三角形	
			六方柱		6	六个晶面之交棱互相平行,并平行于Z轴,横断面呈正六边形	

续表 4-3

晶族	形态特征	晶系	单形名称	单形形状	晶面数目	晶面在空间上的分布特点以及晶面与晶轴的关系	备注
中级晶族	一向延长，晶体呈柱状、长柱状或短柱状	三方、六方晶系	六方单锥		6	六个晶面之交棱相交于一点，横断面呈正六边形	
			六方双锥		12	必与Z轴相交，上、下各六个晶面之交棱各相交于一点，呈双锥状，横断面呈正六边形	
			平行双面		2	两个晶面相互平行，并必垂直于Z轴	
		四方晶系	四方柱		4	必与Z轴平行，晶面交棱相互平行	
			四方单锥		4	四个晶面之交棱相交于一点，横断面呈正方形	
			四方双锥		8	必与Z轴相交，上、下各四个晶面之交棱各相交于一点，呈双锥状，横断面呈正方形	
			平行双面		2	两个晶面相互平行，并必垂直于Z轴	
低级晶族	呈扁平状、板状、片状	斜方、单斜、三斜晶系	斜方单锥		4	四个晶面之交棱相交于一点，横断面呈菱形	
			斜方双锥		8	必与Z轴相交，上、下各四个晶面之交棱各相交于一点，呈双锥状，横断面呈菱形	
			斜方柱		4	晶面交棱相互平行，横断面呈菱形	
			平行双面		2	两个晶面相互平行，并必垂直于Z轴	

根据单形的晶面是否能够自相封闭起来,可以将单形划分为开形(open form)和闭形(close form)。晶面不能完全包围一定空间的单形,需和其他单形聚合才能形成晶体的称之为开形,例如平行双面、柱类和单锥类。晶面可以包围成一个封闭空间的单形称为闭形,例如立方体和八面体等。

在这里大家要注意的是单形和我们以往概念里的立体几何图形是不一样的,特别是开形。如图 4-24 所示,两个平行的且向空间无限扩展的面形成的即为平行双面,这是一种典型的单形;而图中所看到的三方柱单形其实仅包含纵向的三个面,且这三个面也是向空间无限延展的。否则在三方柱中将会有三个长方形面和一个三角形横截面,其形状是完全不一致的,这肯定是跟单形定义相悖的。

同理,四方单锥仅包含四个三角形侧面,而不包含底部的正方形横截面。

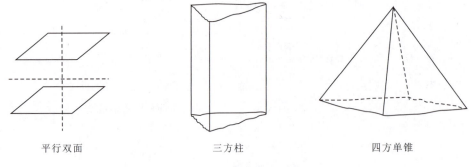

平行双面　　　　　三方柱　　　　　四方单锥

图 4-24　各种常见开形

由两个或两个以上的单形聚合在一起,这些单形共同圈闭的空间外形形成聚形。但单形的聚合不是任意的,必须是属于同一对称型的单形才能聚合(图 4-25)。

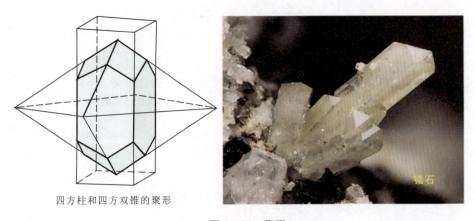

四方柱和四方双锥的聚形

图 4-25　聚形

大部分宝石晶体最后的产出形态都表现为聚形。一般情况下,有多少单形相聚,聚形上就会出现多少种不同形状和大小的晶面,由此确定该聚形是由几种单形组合而成。然后逐一考察每一种同形等大的晶面的几何关系特征,并结合这些晶面扩展相交的假想单形形状,综合分析,最终可以得出聚形中各个单形的名称。但值得注意的是,形成聚形后的每个单形的形状,可以完全不同于该单形单独存在时候的晶面形状。上述聚形的分析过程仅仅是针对理想晶体形态(即晶体模型)而言的,在实际的晶体形态上,由于出现歪晶,同一单形的晶形并不同形等大,这时就要根据晶面花纹及晶面的物理性质等,来确定其是否为同一单形的晶面。

第五节 双 晶

自然界中,大多数晶体并非是在理想状态下生长的,有的晶体长歪了,有的晶体成群生长长成晶簇,还有很多晶体长成双晶。双晶(twin crystal)是指两个或两个以上的同种晶体,按一定的对称规律形成的规则连生的整体,相邻两个个体可以通过对称操作使两者彼此重合或平行。晶体的凹角(内角大于180°)是确定双晶存在的可靠标志之一。

双晶主要有以下四种类型。

一、接触双晶(contact twin)

接触双晶是两个单晶体间以一个近于规则的平面相接触而构成的双晶,其结合面简单而规则。常见的有锡石的膝状双晶、尖晶石律双晶(图4-26)等。

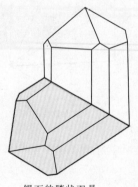
锡石的膝状双晶

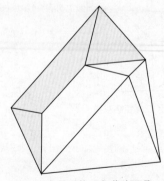
尖晶石的三角薄片双晶

图4-26 接触双晶

二、聚片双晶(polysynthetic twin)

聚片双晶是指多个薄板状个体以同一双晶律连生,结合面互相平行,相邻两个个体方向相反,相间的两个个体方向相同。即一系列接触双晶,由多个个体以同一双晶律连生,结合面相互平行,常以薄板状产出,每个薄板与其直接相邻的薄板呈相反方向排列,而相间的薄板则有相同的结构取向,如钠长石的聚片双晶(图 4-27)。

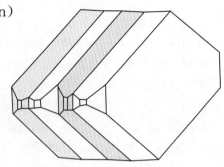

图 4-27 钠长石的聚片双晶

三、穿插双晶(贯穿双晶)(penetration twin)

穿插双晶又叫贯穿双晶,是由两个个体相互穿插而形成,如十字石的穿插双晶、萤石的立方体穿插双晶(图 4-28)和长石卡氏双晶(图 4-29)。穿插双晶的结合面往往不是一个连续的平面。

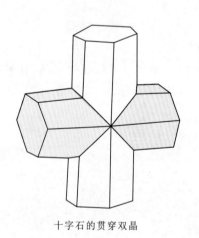

十字石的贯穿双晶　　　　　　　　萤石的穿插双晶

图 4-28 穿插双晶

四、轮式双晶(cyclic twin)

轮式双晶由两个以上的个体以同一双晶律连生,为若干接触双晶或穿插双晶

第四章　宝石的结晶学特征

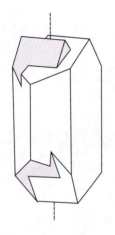

图 4-29　长石卡氏双晶

的组合,各结合面互不平行,依次呈等角度相交,使双晶整体呈环状或辐射状。如金绿宝石的三连晶(图 4-30)。

双晶的特征:①双晶结合面;②凹角;③外形对称性的变化。

双晶对于宝石的光学性质(如晕彩的形成)和力学性质(如裂理)都有很大的影响。

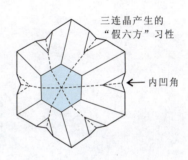

图 4-30　金绿宝石的三连晶

第六节　宝石的结晶习性

不同矿物的晶体结构不同,在一定的外界条件下,晶体总是趋向于形成某一种形态的特征,晶面上发育不同的晶面特征,这种性质称为结晶习性。晶体的不同生长和产出表现出不同的结晶习性。例如钻石常呈八面体,晶面上可见三角形凹坑或三角座(图 4-31);碧玺常呈三方柱,晶面上可见明显的纵纹(图 4-32)等。

同一宝石的不同变种的晶体,其结晶习性可能不同,例如红宝石常呈六方板状结晶习性产出,蓝宝石常呈六方柱状、六方双锥叠加成桶状结晶习性(图 4-33)。

图4-31 钻石晶面上的三角形凹坑和三角座

图4-32 碧玺晶面上的纵纹

图4-33 红宝石的六方板状晶体与蓝宝石的六方桶状晶体

一、单晶与多晶

　　大多数宝石都是单个晶体,也称单晶宝石。例如图4-31～图4-33看到的钻石、碧玺、红宝石、蓝宝石等。某些宝石由多个同种矿物单晶体或不同的矿物晶体聚集在一起,称为多晶质宝石。宝石分类命名中我们将多晶质宝石又称为玉石,这在后一章节中将作详细的讲解。多晶质宝石从严格意义上来说就是岩石。如图4-34所示紫水晶为单晶宝石,晶体呈现规则的几何外形,内部质点排列成格子构造;而翡翠是典型的玉石,由硬玉颗粒聚集在一起形成,显微镜下可见明显的硬玉颗粒界线,每一粒硬玉小颗粒都是一个单晶,也具有格子构造。

　　在偏光显微镜下可以更加明显地看出多晶质宝石的内部结构,即由多个细小的矿物晶体聚集而成(图4-35),可见清晰的颗粒边界。对于多晶质宝石,当肉眼

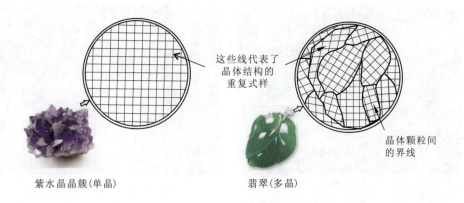

图4-34 单晶与多晶宝石结构示意图

图4-35 翡翠在偏光显微镜下的结构

可以辨别矿物单体时,称为显晶质,例如石英岩、东陵石等;一些晶体矿物颗粒极小,甚至小到在普通显微镜下也看不出晶体颗粒,这时称为隐晶质,例如玛瑙、玉髓等。同一种矿物成分的宝石,可以有显晶质结构,也可以有隐晶质结构。例如翡翠的结构就是俗话所说的"种",即指翡翠的质地构造,如图4-36(a)所示为显晶质翡翠,质地较粗,颗粒感强;图4-36(b)所示为隐晶质翡翠,质地细腻温润。以SiO_2为主要成分的多晶质石英,其中显晶质称为石英岩,而隐晶质则被称为玛瑙或玉髓(有同心环状色带的是玛瑙,反之称为玉髓)。

宝石的结晶学特征是研究宝石物理性质的基础。

(a) 显晶质　　　　　　　　　　　(b) 隐晶质

图4-36　翡翠的显晶质结构和隐晶质结构

二、宝石矿物可观察到的晶体特征

晶系	宝石	通常可以观察到的晶体特征
等轴晶系	钻石	典型的金刚光泽。常见的晶体单形有八面体、菱形十二面体、立方体以及它们之间的聚形。钻石晶体常因熔融或溶蚀作用使晶体圆化，而使棱线呈弧线。八面体面上常因溶蚀而生长的三角形凹坑，呈等边三角形，且角顶指向边棱方向。还有一些阶梯状的生长标志。 八面体结晶习性（三角形溶蚀凹坑、弯曲的晶面、阶梯状三角形标志） 菱形十二面体结晶习性（菱形十二面体上所见的纹理、不均匀生长的菱形十二面体）

晶系	宝石	通常可以观察到的晶体特征
等轴晶系	钻石	常见双晶为接触双晶,外观呈扁平状三角形,因而被称为三角薄片双晶,角顶处可见凹角及围绕腰棱处有"V"形青鱼骨刺纹。 （图示：三角形溶蚀凹坑、内凹角、青鱼骨刺纹、三角薄片双晶） 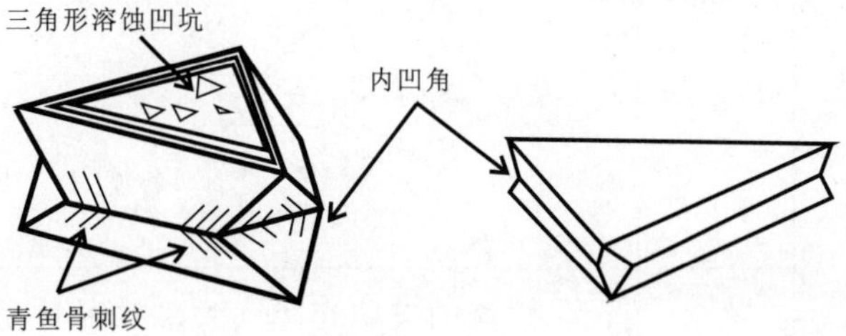
	石榴石	明亮的玻璃光泽。几乎所有的晶体都是菱形十二面体或四角三八面体,亦或二者的聚形。不均匀的生长会导致被误认,但是通过训练可以很容易找出三次对称轴。 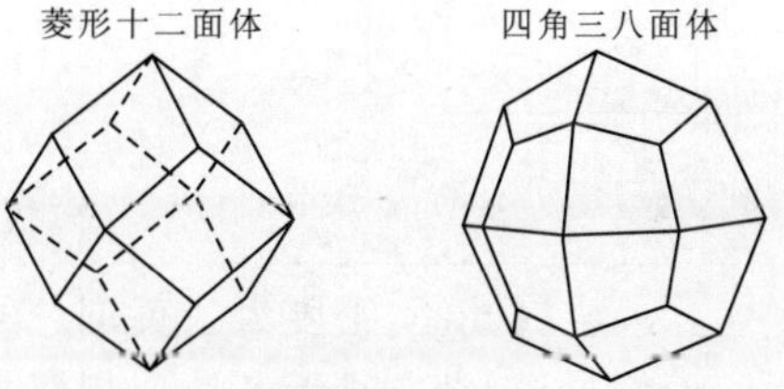 （图示：菱形十二面体、四角三八面体——石榴石的常见单形；菱形十二面体与四角三八面体的聚形——石榴石常见的聚形形态） 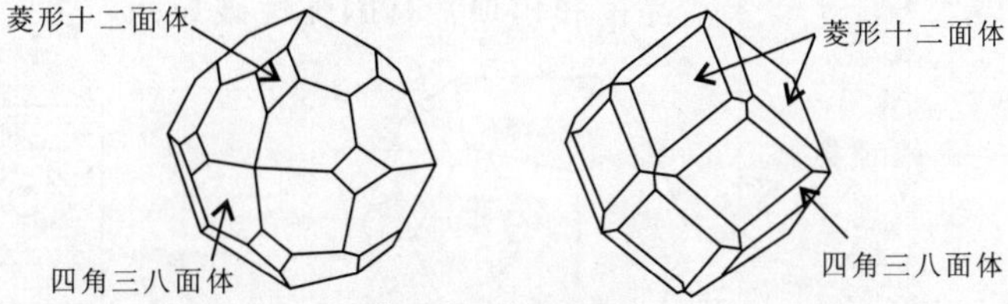

晶系	宝石	通常可以观察到的晶体特征
等轴晶系	尖晶石	明亮的玻璃光泽。通常以八面体单形出现。晶面可以很平坦，像是抛过光。晶面上有时有三角形生长标志或三角形蚀痕。双晶大都很扁，角顶常有小的内凹角。 八面体结晶习性 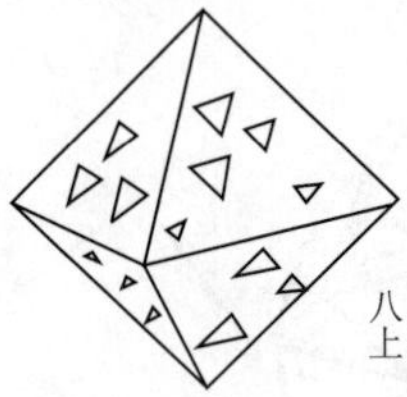　　八面体晶面上的蚀痕 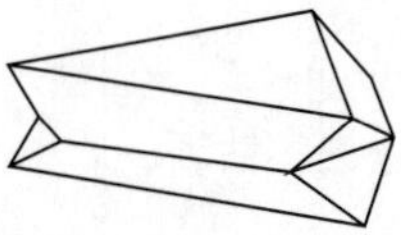　　尖晶石律双晶三角薄片双晶
	萤石	暗淡的玻璃光泽。大多数晶体呈立方体和八面体单形。常有方形的阶梯状生长标志，色带和生长带通常平行于立方体面的方向。完全八面体解理（四组），大多数晶体有解理缝，所以在八面体晶体解理面上常见阶梯状生长标志和解理缝，并呈现珍珠光泽（解理面产生的干涉色）。 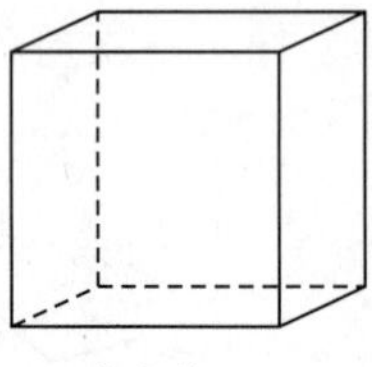 立方体 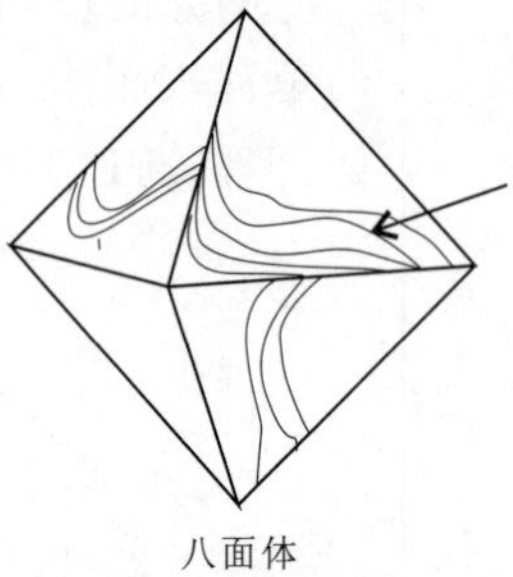　　八面体　　阶梯状晶面标志解理缝
	黄铁矿	金属光泽，密度大。黄铜色的立方体、八面体或五角十二面体单形，常有晶面条纹。相邻晶面上的条纹总是互相垂直。沿晶棱和角顶常有因脆性破裂而产生的缺口。 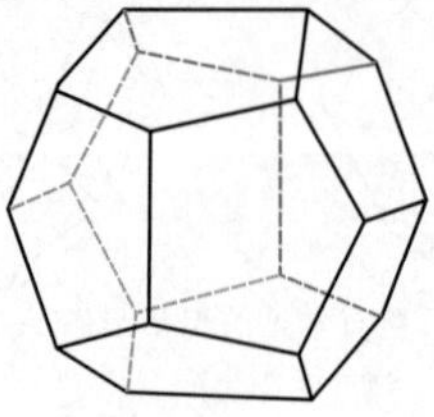 五角十二面体 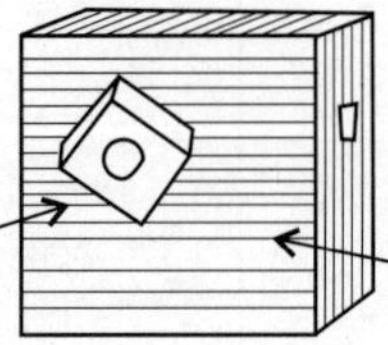　　双晶　　立方体　　互相垂直的晶面条纹

晶系	宝石	通常可以观察到的晶体特征
四方晶系	锆石	极明亮的玻璃光泽至金刚光泽，即便在一些严重磨蚀的晶体上也可以看到。四方柱与四方双锥相组合，表现为简单的柱状结晶习性。其柱面与锥面的发育程度不一，有时候锥面较柱面发育，而使锆石呈类似于八面体的双锥晶体。 晶棱常因许多小的破裂而出现缺口。 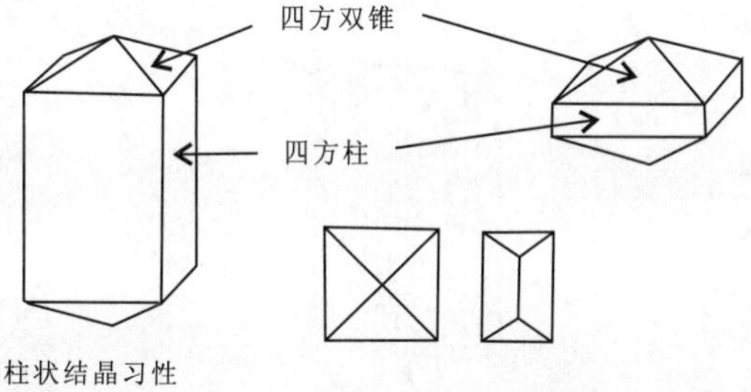 四方双锥　四方柱 柱状结晶习性
三方晶系	刚玉	红宝石常具板状习性，短的柱面和小的菱面体面。蓝宝石常呈长而陡的双锥体，有时为桶状。 可具有能说明三方对称性的六方形角状色带和纤维状包裹体。 平行双面常具有能揭示三方对称性的三角形生长标志。常显示非常明亮的玻璃光泽，有时稍显金属状外观。 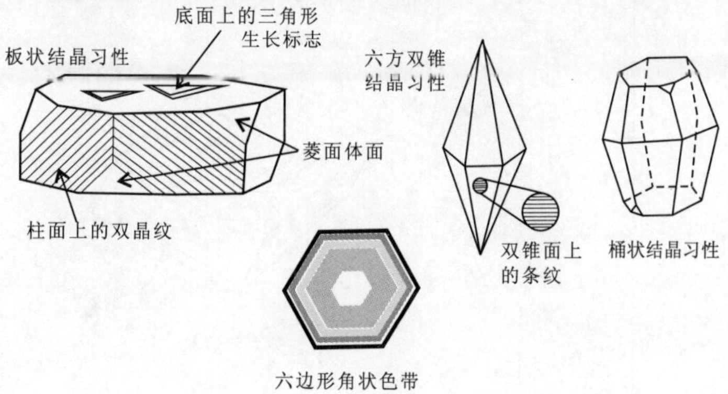 底面上的三角形生长标志　六方双锥结晶习性 板状结晶习性　菱面体面　桶状结晶习性 柱面上的双晶纹　双锥面上的条纹 六边形角状色带

晶系	宝石	通常可以观察到的晶体特征
三方晶系	碧玺	晶体呈柱状，常见单形为三方柱、三方双锥。横截面为凸圆三角形，柱面纵纹发育。一些晶体沿生长方向有颜色变化。 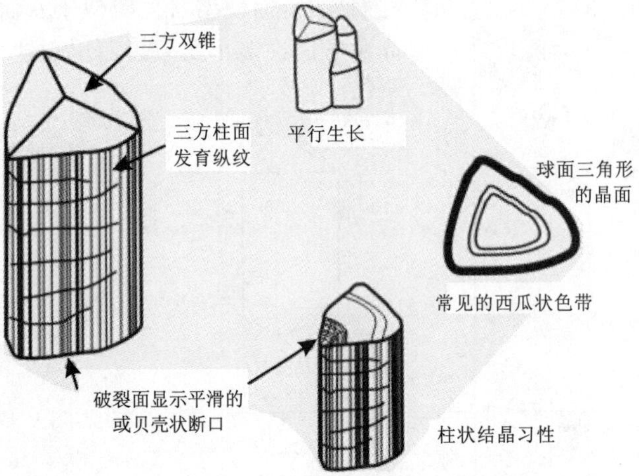 三方双锥　平行生长 三方柱面发育纵纹　球面三角形的晶面 常见的西瓜状色带 破裂面显示平滑的或贝壳状断口　柱状结晶习性
	方解石	将单晶放在印有文字的纸上，可以很容易地看到双折射现象，转动方解石时还可以看到两个"影像"之间的距离在变化，甚至重合。明显可见三组解理方向，常有初始解理显示的晕彩及解理面上显示的珍珠光泽。 表面常布满划痕和小的解理。 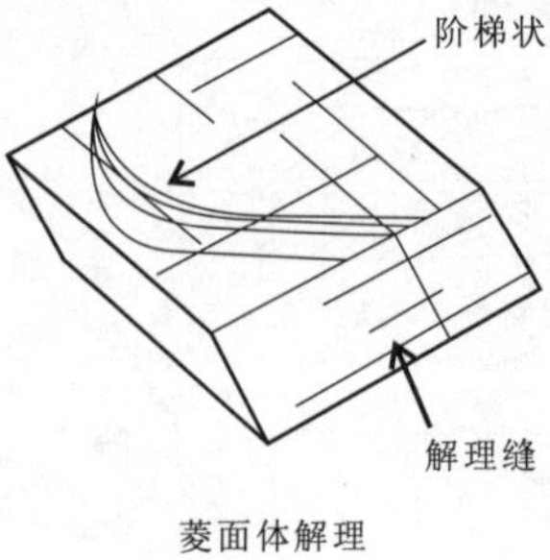 阶梯状晶面标志 解理缝 菱面体解理 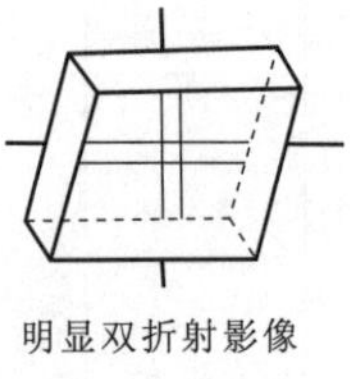　明显双折射影像

晶系	宝石	通常可以观察到的晶体特征
三方晶系	石英	常为六方柱与菱面体的聚形组成的柱状晶体。六方柱单形有非常发育的横纹（垂直 C 轴）。通常有两个菱面体单形，看上去像一个双锥，除非这两个菱面体不均匀发育，否则将很难看出三方对称性。晶体通常是一头大一头小。 紫晶常显示色带和生长带。 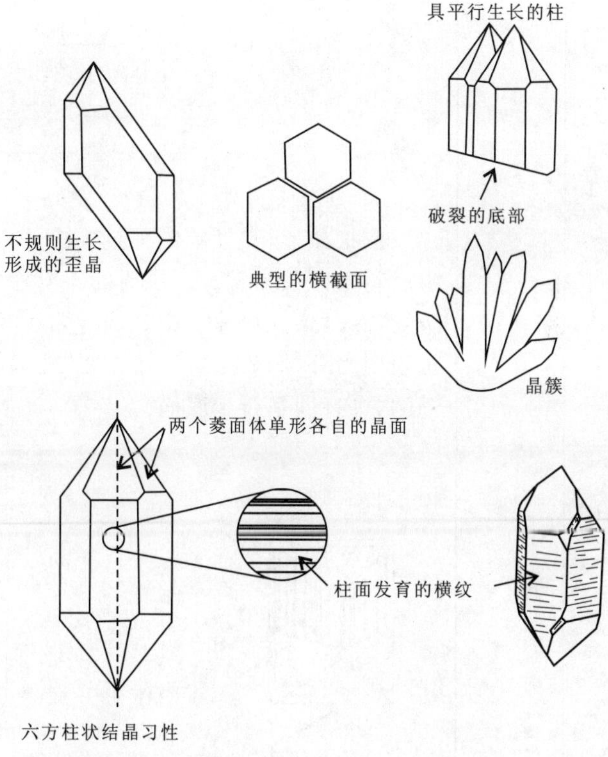

晶系	宝石	通常可以观察到的晶体特征
六方晶系	绿柱石	六方柱单形，柱状结晶习性，有时为长柱状。蚀痕可揭示对称性。 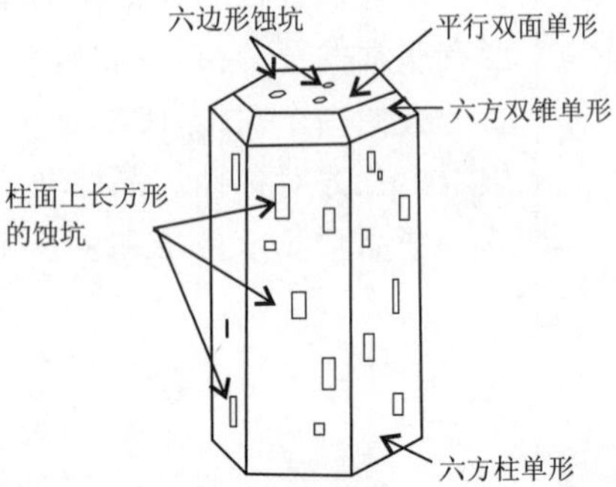 （图示标注：六边形蚀坑、平行双面单形、六方双锥单形、柱面上长方形的蚀坑、六方柱单形、柱状晶体习性）
斜方晶系	托帕石	柱状晶形，常见单形有斜方柱、斜方双锥、平行双面等，其中以斜方柱较为发育。主要的斜方柱单形通常是长的并伴有条纹，有时条纹很深。横截面通常为菱形，解理常见于底部，也表现为外部破裂。完全解理，并只在一个方向：垂直于C轴的方向（即平行于底面）。 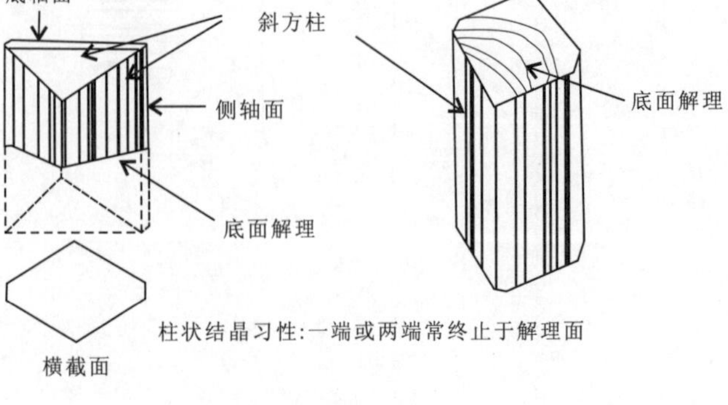 （图示标注：底轴面、斜方柱、侧轴面、底面解理、底面解理、横截面、柱状结晶习性：一端或两端常终止于解理面）

晶系	宝石	通常可以观察到的晶体特征
斜方晶系	金绿宝石	光泽很明亮。晶体常呈扁平状或厚板状,"假六方"三连晶。常有平行双面,靠具条纹的"六方的"角和内凹角可识别出三连晶,在表面和内部可看到以条纹形式显示的聚片双晶。 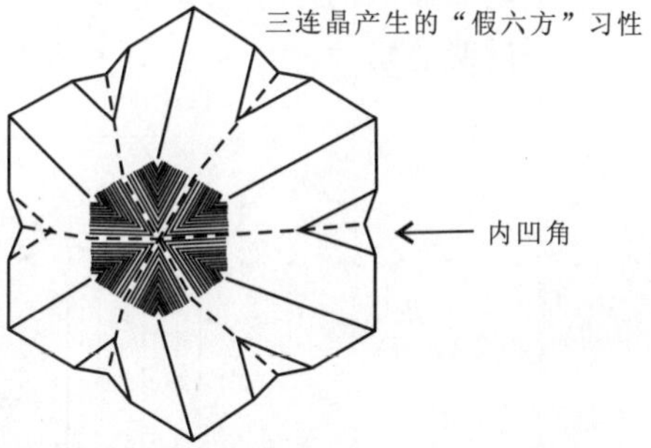 三连晶产生的"假六方"习性 ← 内凹角
	橄榄石	通常是黄绿色,玻璃光泽。垂直的斜方柱,具菱形横截面。常破裂或磨圆并具暗淡玻璃光泽或油脂光泽,显著的双折射,显微镜下可见明显刻面棱重影。柱面常见垂直的条纹。 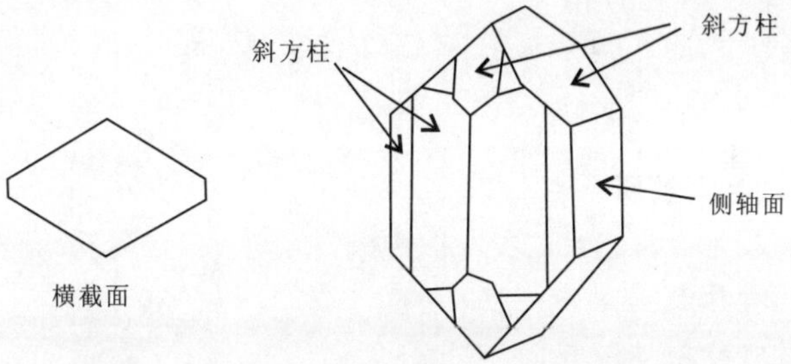 斜方柱 斜方柱 侧轴面 横截面
	坦桑石	尽管坦桑石多数是碎块,但也找到过晶体。通常为柱状晶体,大致为长方形的横截面,某些晶面上有条纹,晶体通常一端破裂。玻璃光泽,蓝色至红紫色,明显的多色性。 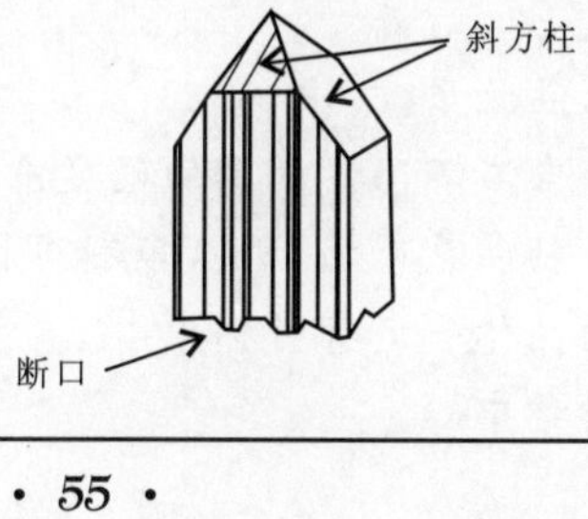 斜方柱 断口

晶系	宝石	通常可以观察到的晶体特征
斜方晶系	长石	玻璃光泽。大多数原石是碎块状的,显示两个解理方向。无色、浅蓝色、黄色或淡肉红色。两组完全解理,夹角近于90°,解理面上可显示珍珠光泽。有些晶体或碎块显示出由特定晶面取向产生的晕彩状内反射效应(在月光石和拉长石中最明显)。 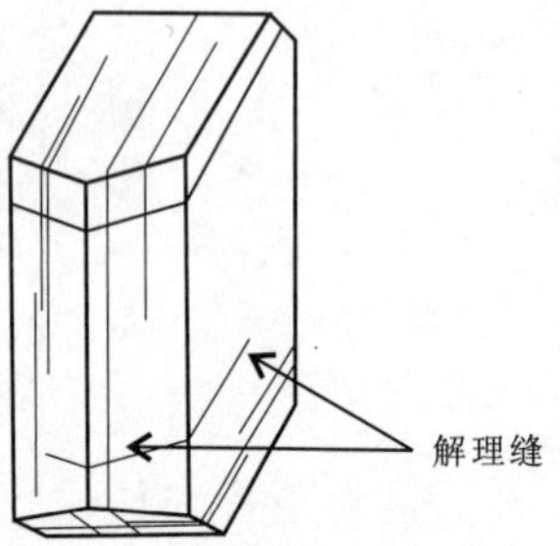

习 题

一、名词解释

1. 晶体
2. 对称面
3. 对称轴
4. 对称型
5. 单形
6. 双晶
7. 多晶质

二、判断题

1. 宝石都是结晶物质。( )
2. 同一种单晶宝石不同方向上的硬度应相同。( )
3. 金刚石是等轴晶系矿物,所以其不同晶面硬度相同。( )
4. 等轴晶系的晶体一定有对称中心。( )
5. 晶体都有对称中心。( )

6. 晶体的对称不仅仅体现在外形上,同时也体现在物理性质上。　　　(　　)
7. 在进行对称操作的时候,为使物体做有规律重复而凭借的一些假想的几何要素称之为对称要素。　　　(　　)
8. 轴次高于二次的对称轴,即 L^3、L^4、L^6 称为高次轴。　　　(　　)
9. 三方晶系的最高对称型是 $L^3 3L^2 3PC$。　　　(　　)
10. 三方柱、三方双锥、菱形十二面体都属于三方晶系。　　　(　　)
11. 单形中的斜方柱与四方柱的区别在于:斜方柱的横截面是菱形或者长方形,而四方柱的横截面是正方形。　　　(　　)
12. 双晶就是一种聚形。　　　(　　)
13. 十字石的贯穿双晶与尖晶石的三角薄片双晶属于同一双晶类型。　　　(　　)
14. 碧玺的结晶习性常呈三方柱状,晶面上可见明显的横纹。　　　(　　)
15. 多晶质的宝石就是玉石。　　　(　　)
16. 钻石的八面体晶面上常因溶蚀而生长三角形凹坑。　　　(　　)

三、选择题

1. 晶体是(　　)。
   A. 具有格子状构造的固体　　　B. 具有一定化学成分的固体
   C. 有一定外形的固体　　　　　D. 具有一定规律的固体

2. 晶体可分为(　　)。
   A. 三个晶族　　B. 四个晶族　　C. 六个晶族　　D. 七个晶族

3. 等轴晶系的对称特点是(　　)。
   A. 均有三个 L^4　　B. 均有三个 L^2　　C. 均有四个 L^3　　D. 均有六个 L^2

4. 三斜晶系晶体常数特征是(　　)。
   A. $a=b\neq c, \alpha=\beta=\gamma=90°$　　　B. $a\neq b\neq c, \alpha=\beta=90°, \gamma\neq 90°$
   C. $a\neq b\neq c, \alpha\neq\beta\neq\gamma\neq 90°$　　D. $a=b=c, \alpha=\beta=\gamma=90°$

5. 属于四方晶系的宝石有(　　)。
   A. 石榴石　　B. 方解石　　C. 锆石　　D. 翡翠

6. 以下哪个单形不属于等轴晶系?(　　)
   A. 立方体　　B. 菱面体　　C. 八面体　　D. 菱形十二面体

7. 以下哪个晶系不属于中级晶族?(　　)
   A. 三方晶系　　B. 四方晶系　　C. 斜方晶系　　D. 六方晶系

8. 金绿宝石属于(　　)。
   A. 三方晶系　　B. 单斜晶系　　C. 斜方晶系　　D. 三斜晶系

9. 托帕石属于(　　)。
   A. 三方晶系　　B. 单斜晶系　　C. 斜方晶系　　D. 三斜晶系

10. 聚形是（　　）。
A. 两个或两个以上单形的聚合　　　B. 双晶形成的
C. 几个晶体有规律聚合　　　D. 两个或两个以上单晶的聚合

四、问答题
1. 晶体是如何分类的？
2. 借助示意图描述各个晶系及其晶体常数特点。
3. 双晶的类型有哪些？

第五章　晶体光学基础

❖ 我们为什么可以从镜子里看到自己？
❖ 为什么湖水看起来会比实际要浅？
❖ 你知道海市蜃楼是怎么产生的吗？

第一节 光的本质

研究宝石材料的最重要内容之一是各种宝石矿物的光学性质。要充分地了解光学性质及其在鉴定和质量评价等级时的作用,首先要了解光的本质以及它在各种宝石中的作用。光学性质是指当光透过宝石或经宝石反射、折射时所发生的现象,利用光学性质可以准确、无损、有效地鉴定宝石。

一、光的波动性

光是人们日常生活中最熟悉的一种自然现象。它既能像波浪一样向前传播,有时又表现出粒子的特征,因此我们称光具有"波粒二象性",这就是光的本质。实验证明:光在传播过程中主要表现为波动性,而在与物质相互作用时主要表现为粒子性;大量光子表现出来的是波动性,少量光子表现出来的是粒子性;光的波长越长波动性越明显,波长越短则粒子性越明显。

1. 波(wave)

波或波动是在空间以特定形式传播的物理量或物理量的振动,振动的形式任意。波的传播速度总是有限的。除了电磁波和引力波能够在真空中传播外,大部分波,如机械波只能在介质中传播。

波的传播总伴随着能量的传输,机械波传输机械能,电磁波传输电磁能。在物理学上,根据不同性质可将波分为机械波与电磁波两种。按振动方向与传播方向的关系可分为横波与纵波两种。质点振动的方向垂直于波的传播方向的波称为横波,如电磁波等;质点振动的方向平行于波的传播方向的波称为纵波,如声波等。

以横波为例,波长是指相邻两个相同相位点之间的距离,通常是相邻的波峰或波谷(图5-1)。波长 λ 与频率 f 成反比关系。频率就是某一固定时间内,通过某一指定地方的波的数目。以下方程表达了波长与频率的关系:

$$v(波速) = \lambda \times f$$

光波是一种典型的横波,其振动方向垂直于光波的传播方向。对于波长一定的光波而言,波长越长则频率越低,波长越短则频率越高。研究表明,较高频率的光波具有较高的能量($E = h \times f$,h 为普朗克常数)。频率(f)是光波的重要特征值。某一特定频率的光波在不同介质中传播时,其频率是固定不变的,但在不同介质中的传播速度(v)是不同的,因此其相应的波长(λ)是随传播的介质不同而改变的。决定光的颜色的是光波的频率,而不是波长。如一光波,其 $f = 4 \times 10^{14}\,\text{Hz}$,为红色,按公式 $v(波速) = \lambda \times f$ 计算,其空气中的波长为750nm;进入水中后,其频

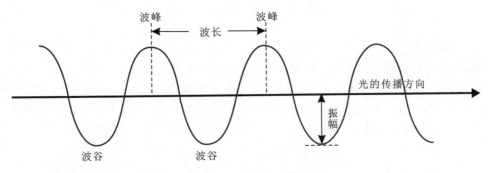

图5-1 单个波长及振幅

率不变,但由于传播速度变小,波长变短为560nm,尽管波长变短,水下见到该光的颜色仍然为红色,而不是真空或空气中560nm的光所表现出来的黄绿色。宝石的光学性质中所述的光波波长以及对应的颜色均指真空或空气中的波长。

2. 电磁波(electromagnetic wave)

无论是太阳、蜡烛还是灯泡所发射出来的光,都是辐射能量的一种形式。光是一种以极大的速度通过空间传播能量的电磁波。我们所能看到的日光只是太阳辐射能量的一小部分,其他波段的光是我们肉眼无法看到的。全部辐射能谱构成的电磁波谱是一个包括了全部波长,即从波长最长的无线电波(最低能量的波)到最短的宇宙射线(最高能量的波)的完整波谱。如图5-2所示,无线电波可长达6 000m,而宇宙射线,在波谱的另一端,只有1cm的万分之几长。

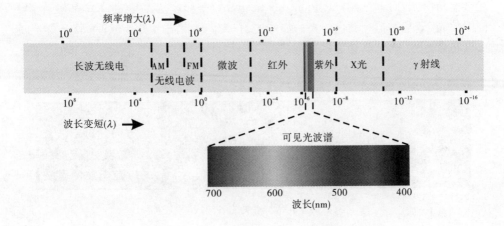

图5-2 电磁波谱与可见光波谱

电磁波是表示一系列频率或波长的总和,电磁波谱在宝石学中的应用非常广泛。

(1)红外光(780～1 000 000nm)用于反射仪,作为宝石鉴定的辅助手段。红外光分光光度计被用于实验室中测定一些宝石材料和经处理的宝石材料对红外光谱的吸收。例如B货翡翠常显示特征的红外吸收光谱。

(2)可见光(380～780nm)展示了宝石的颜色和瑰丽。可见光是测试和鉴定大多数宝石的各种方法的依据。

(3)紫外光(10～380nm)用于检测某些宝石产生的荧光。

(4)X射线(0.01～10nm)能用于区别各种类型的珍珠。它能引起材料中的荧光,还能用于某些宝石材料的人工改色。

(5)γ射线(0.000 1～0.01nm)可用于改变某些宝石的颜色。例如托帕石的辐照改色。

二、可见光、单色光与白光、自然光与偏振光

可见光(visible light)即通常所说的光或光波,它是正常人肉眼能够见到(感觉到)的一段电磁波谱,其波长为400～700nm(图5-2)。可见光可以是单色光,也可以是白光;可以是自然光,也可以是偏光。

可见光从波长最长的红光起,经橙光、黄光、绿光、蓝光,直到最短的紫光为止。两个相邻的颜色之间没有明显的界限,而是一系列很自然的过渡。为了便于记忆,本书将各颜色间的界限使用整数段表示(图5-3),标志一个大概的范围。这样表示也便于同学们在后续分光镜的学习中,能够更容易掌握。将这些单色的光混合起来就是白光,而单色光(monochromatic light)是频率为某一定值或在某一窄小范围的光,即某一单一颜色的光。如钠光灯产生的黄光,其λ=589.3nm。单色光可以是自然光,也可以是偏振光。

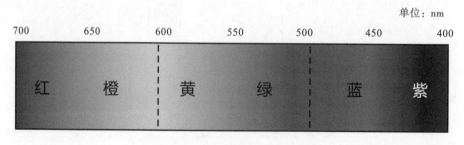

图5-3 可见光各波段

自然光(natural light)与偏振光(polarized light)在宝石中的应用比较普遍。

一切从实际光源(如太阳、灯泡等)发出的光,一般都是自然光。自然光的基本特征是在垂直光波传播方向的平面内,沿各个方向都有等振幅的光振动[图5-4(a)]。仅在垂直光波传播方向的某一固定方向振动的光波称为平面偏振光,简称偏振光或偏光[图5-4(b)]。

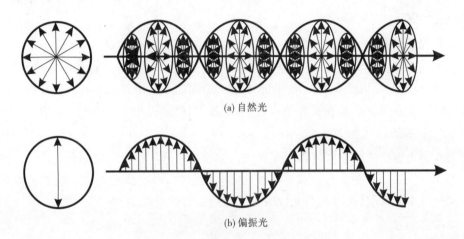

图5-4 自然光与偏振光

自然光可以通过反射、折射、双折射(图5-5)及选择性吸收等作用转变成偏振光。使自然光转变成偏振光的作用称为偏振化作用。在光学实验中将自然光转变为偏振光的装置称为偏振片(或起偏器)。偏振片上标出允许通过光的振动方向,这个方向叫作偏振化方向,图5-6中A、B方向均为偏振化方向。

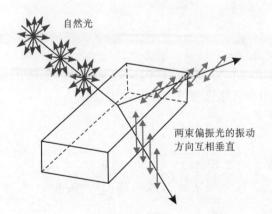

图5-5 自然光通过双折射转变为互相垂直的偏振光

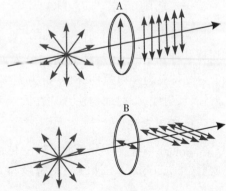

图5-6 自然光经过偏振片后转变为特定方向的偏振光

三、光在宝石中的作用

1. 光和颜色

依赖于宝石与光的相互作用才使宝石产生丰富、绚丽多彩的颜色,显示出宝石的瑰丽而深得人们的喜爱。

2. 光的透射

当光穿过宝石材料时,有的全部穿过,有的部分被阻挡而只有部分穿过,有的全部被阻挡,这是由物质的结构、构造及杂质引起的。其所对应宝石的物理性质是透明度。宝石根据透光程度可分为透明、半透明、微透明和不透明四个等级。

3. 宝石的特殊光效

欧泊表面可见的变彩就是光线在其内部发生干涉与衍射现象而产生的一种漂亮的光学效果。某些宝石内部平行排列的丝状包体,经过特定加工后能够产生猫眼效应或星光效应,这也是与光线完美结合产生的效果。

4. 宝石鉴定

宝石鉴定时所使用的折射仪、偏光镜、分光镜及二色镜等常规仪器,其原理都利用到了宝石的光学性质,操作方便、快捷和无损。

第二节 光的折射与全反射

一、光的折射与反射

光波在同一种均匀的介质中一般沿直线方向传播。而当光波从一种介质传播到另一种介质时,在两种介质的分界面上将发生程度不同的反射及折射等现象。反射光按反射定律返回介质,折射光按折射定律进入另一种介质中(图5-7)。入射线、反射线、折射线与法线均在同一平面内。

1. 反射定律

当光在两种物质分界面上改变传播方向又返回原来物质中的现象,叫作光的反射(reflection of light)。入射线与反射线分别居于法线两侧,且入射角=反射角。

2. 光密度

光密度(optical density)是指宝石矿物所具有的能减缓光的传播速度并产生

第五章 晶体光学基础

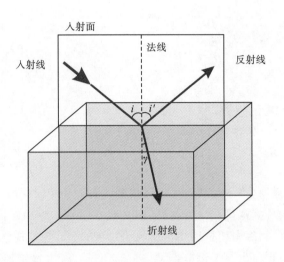

图5-7 光的折射与反射现象

折射(折光)效应的一种复杂的特性,可用折射率的高低来评价。

两种介质相比较,光的传播速度较小(折射率较大)的介质叫光密介质,光的传播速度较大(折射率较小)的介质叫光疏介质。介质的光密与光疏是相对的,例如水相对于空气来说,水是光密介质,而水相对于玻璃来说,水又是光疏介质。

二、折射定律与折射率

1. 折射

折射(refraction)是指光从一种介质进入另一种具有不同光密度的介质时,传播方向发生改变的现象。当光线从光疏介质进入光密介质时,光线偏向法线折射,折射角小于入射角。

2. 折射定律

入射线、法线、折射线在同一平面内,对于给定的任何两种相接触的介质及给定波长的光来说,入射角的正弦与折射角的正弦之比为一个常数。

(1)折射率(refractive index)等于入射角的正弦与折射角的正弦之比,用符号RI表示。

(2)折射率也可表示为光在空气中的速度与某宝石矿物中的速度之比,即RI=光在空气中的速度/光在某材料中的速度。

什么是 sin？

sin：正弦函数，在直角三角形 ABC 中，$\angle C=90°$，AB 是 $\angle C$ 的对边 c，BC 是 $\angle A$ 的对边 a，AC 是 $\angle B$ 的对边 b，正弦是 $\sin A=a/c$，即 $\sin A=BC/AB$。

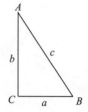

这时很容易证明：当光线从空气中入射到宝石矿物中时，宝石矿物的光密度越大，则入射光线的传播速度减缓越明显，即光线在宝石矿物中的传播速度越小，相应折射率越高；反之，宝石矿物的光密度越小，其从空气中入射光线的传播速度减缓越不明显，则其相应折射率越低。

需要注意的是，光密度与相对密度不是一个概念。例如：水的相对密度大于酒精，但水的折射率却小于酒精，故水的光密度也小于酒精的光密度。

3. 折射率的意义

对于宝石矿物的研究，主要涉及折射率。折射率是一个非常重要的物理参数。每种宝石矿物都有其特征的折射率或折射率范围。测定宝石的折射率是鉴定宝石材料的重要方法。

宝石折射率大小取决于光波在该宝石矿物中的传播速度，光波的传播速度又取决于光与宝石矿物的互相作用。如钻石的折射率为 2.417，这就说明光在空气中的传播速度是钻石中的 2.417 倍。自然界中不同的宝石品种，光密度不一样，则光进入宝石后的传播速度不同，对应的折射率大小也不同。折射率是一个大于 1 的常数，可以直接在折射仪上读取。

三、光的全反射与临界角

当光线从光密介质进入光疏介质时，折射线偏离法线方向，折射角大于入射角。当折射角为 90°时，即折射光线沿两介质交界面通过时，所对应的入射角称之为全反射临界角；所有大于临界角的入射光线不发生折射，不能进入第二种介质而只能在原介质内发生反射，遵循反射定律，入射角等于反射角，光线将全部返回到光密介质，这一现象称之为光的全反射（total reflection）（图 5-8）。

* 请同学们在图 5-8 中将全反射的临界角标示出来。

人们利用这一特性制造出许多光学仪器，也包括折射仪。折射仪的工作原理（图 5-9）正是建立在全内反射的基础上，它是用来测量宝石的临界角，并把读数

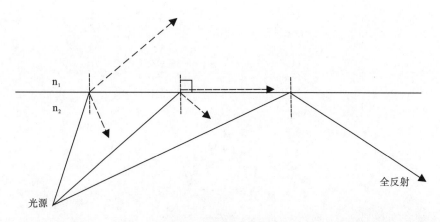

图 5-8 全反射与临界角

直接换算成折射率的一种仪器。设计的折射仪棱镜永远是光密介质,通常使用合成立方氧化锆(CZ),则宝石永远是光疏介质。

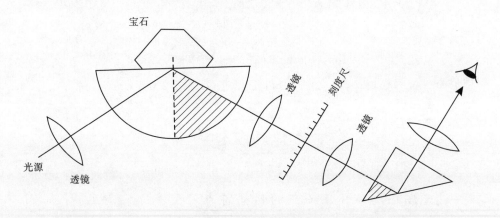

图 5-9 折射仪的工作原理

在宝石加工中也会用到全内反射,例如钻石的标准圆多面体琢型,是按照理想比例加工,使光进入宝石发生全内反射[图 5-10(a)],产生最大的亮度和火彩。而当加工比例不正确时就会导致光线从底部漏走[图 5-10(b)],从而导致钻石不那么闪耀了。

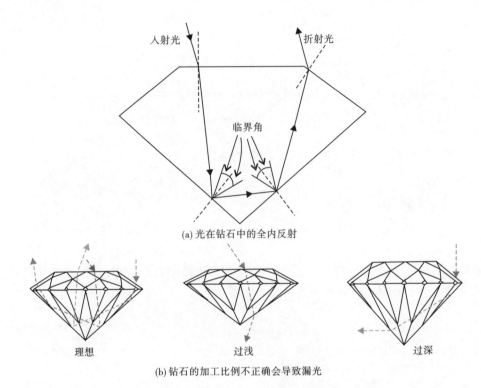

图 5-10 钻石的全内反射产生最大的亮度和火彩

第三节 光性均质体与非均质体

一、光波在均质体宝石中的传播特点

根据光学性质不同,即光波在宝石矿物中的不同传播特点,可以将宝石矿物划分为均质体(isotropic body)和非均质体(anisotropic body)两大类。

均质体宝石包括等轴晶系与非晶体宝石,允许光线朝各个方向以相同的速度通过,这类型的宝石材料在任意方向上均表现出相同的光性,只有一个折射率值,因此又叫各向同性宝石或单折射宝石。

特定频率的光波进入均质体宝石传播时,随着入射光传播方向的改变,光波在晶体中的振动方向也会随之发生改变,但入射光的传播速度却不因光波的振动方向不同而发生改变,始终是一个恒定的值(图 5-11 光线在均质体宝石中的传播特点)。因此每个振动方向所对应的折射率值只有一个,恒定不变。

自然光进入均质体宝石传播后,基本仍为自然光;偏振光进入均质体宝石传播后,基本仍为偏振光,且振动方向不发生改变。

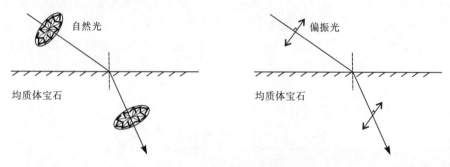

图 5-11 光线在均质体宝石中的传播特点

二、光波在非均质体宝石中的传播特点

非均质体宝石包括三方、四方、六方、斜方、单斜、三斜六个晶系的宝石,均表现出定向的光性,即各向异性。光线进入这种非均质体宝石时都会分解产生两个折射率值,因此又叫作各向异性宝石或双折射宝石。

与均质体宝石截然不同的是,特定频率的光波进入非均质体宝石传播时,入射光将分解成两条传播方向不同、振动方向互相垂直的平面偏振光,不同偏振光的传播速度不同,则对应两个不同的折射率值,两个折射率值之间的差值称为双折射率值(图 5-12 为光线在非均质体宝石中的传播特点)。

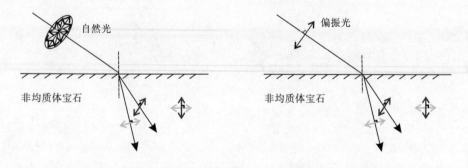

图 5-12 光线在非均质体宝石中的传播特点

双折射率高的宝石在切磨时,台面应垂直光轴,这时从台面就不会看到刻面棱重影,显得清晰透明。

三、光轴

所有双折射宝石都有一个或者两个特殊方向不发生双折射,这些方向称之为光轴(optic axis)。属于三方、四方、六方晶系的宝石只有一个特殊方向不发生双折射,即只有一个光轴,称之为一轴晶(uniaxial crystal);属于斜方、单斜、三斜晶系的宝石有两个特殊方向不发生双折射,即有两个光轴,称之为二轴晶(biaxial crystal)。

各种宝石的光性特征见表5-1。

表5-1 光性均质体与光性非均质体

	宝石类型	晶系	实例
均质体	非晶质体		玻璃
	高级晶族宝石	等轴晶系	钻石、石榴石、尖晶石
非均质体	中级晶族宝石 (一轴晶)	三方晶系	水晶、刚玉、碧玺、方解石
		六方晶系	绿柱石、磷灰石、蓝锥矿
		四方晶系	锆石、锡石、金红石
	低级晶族宝石 (二轴晶)	斜方晶系	金绿宝石、橄榄石、黄玉
		单斜晶系	透辉石、正长石、软玉
		三斜晶系	斜长石、蓝晶石

第四节 光的干涉与衍射

一、光的干涉

1. 干涉作用

波长相同、相差恒定、传播方向相近的两束或两束以上的光在同一介质中相遇时,在交叠区相互作用产生相长增强或相消删除,在空间某区域光的强弱形成稳定的分布,这种现象称为光的干涉。产生干涉作用的波称为相干波。并不是任意两束光相遇都可发生干涉作用。能发生干涉的两束光必须符合以下条件:两束光的频率相同、振动方向相同、位相相同或位相差恒定。

振动方向一致、振幅和频率相同的两束相干波(光波 1 与光波 2)相遇,光波 1 的波峰、波谷与光波 2 的波峰、波谷同方向重叠,两束光发生干涉,其结果是产生的干涉波具有双倍的振幅,该过程称相长增强,光亮度因而加强[图 5-13(a)]。当这两束光波振动相位完全相反时,即光束 1 的波峰与光束 2 的波谷反向重叠,由于电磁场相互抵消,光波 1 与光波 2 干涉的结果是光亮度减为零,该过程称为相消删除[图 5-13(b)]。

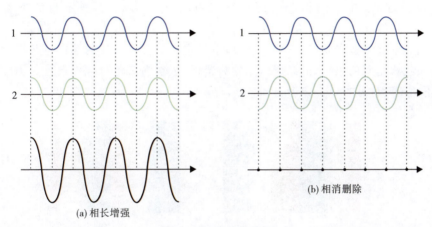

(a) 相长增强

(b) 相消删除

图 5-13　光波的干涉

2. 杨氏双缝干涉

杨氏双缝实验,由托马斯·杨在 1807 年综合整理了他在光学方面的工作而提出:将一支蜡烛放在一张开了一个小孔的纸前面,这样就形成了一个点光源(从一个点发出的光源),在这张纸后面再放一张开了两道平行的狭缝的纸,从小孔中射出的光穿过两道狭缝投到屏幕上,就会形成一系列明、暗交替的条纹,这就是著名的双缝干涉条纹。

根据杨氏双缝实验可知(图 5-14),来自光源的光沿箭头方向入射时,在狭缝处 S 形成一个点光源,以确保到达

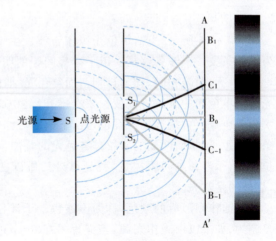

图 5-14　杨氏双缝干涉示意图

S_1、S_2 两个狭缝的光的性质是完全相同的。当性质完全相同的光通过 S_1、S_2 两个狭缝(即杨氏双缝)后,S_1、S_2 便构成一对相干光源,从 S_1、S_2 发出的光将在空间叠加,形成干涉现象。

如果光源为单色光,当两个子波源 S_1、S_2 的光在某个方向上的波程差为半波长的偶数倍时,两光波在空间相遇时得到加强,在屏幕 AA′上显示亮的条纹,如图 5-14 中 B_0、B_1、B_{-1} 所示位置。当两个子波源的光在某个方向上的波程差为半波长的奇数倍时,在空间相遇时便相互消减,在屏幕 AA′上显示暗的条纹,如图 5-14 中 C_1、C_{-1} 所示位置。

白光双缝干涉实验,如图 5-15 所示,最中心位置将出现的是白色条纹,而两侧的条纹都是彩色条纹,最靠近白光的为紫色,依次为蓝色、绿色,最远处为红色,上、下两侧对称分布。

图 5-15　白光双缝干涉图样

杨氏试验是一个一维光栅的点间干涉,而在宝石中经常遇到的是二维空间的面干涉和三维空间的干涉情况,相对而言比较复杂。

3. 干涉色

如图 5-16 所示,当两单色光源相干波发生干涉时,将产生一系列明暗条纹,称为干涉条纹。干涉条纹是一组平行等间距的明暗相间的直条纹,中央为零级明纹,上下对称,明暗相间,均匀排列。而复色光(即白光)发生干涉时,干涉的结果是白光中的单色光的条纹将按波长依次排开,其中心为白光,最靠近白光的为紫色,依次为蓝色、绿色,最远处为红色,上、下两侧对称分布。这是由于不同波长光的干涉条纹间距不同,而两侧的条纹是各色光的叠加。以中心向外第一个亮条纹为例,波长越大,干涉条纹间距越宽,就越靠外。所以在第一条纹里,靠内的是紫光、蓝光,靠外的是红光。

由干涉作用形成的颜色,称为干涉色。干涉色的具体颜色受两束相干光的光程差制约,如果以白光作光源,当光程差在 0~550nm 范围内时,将依次出现暗灰色、灰白色、黄橙色、紫红色诸多干涉色,称为第一级序干涉色,其干涉色的特点是只有暗灰色、灰白色,而无蓝色、绿色;当光程差在 550~1 100nm 范围内时,将依

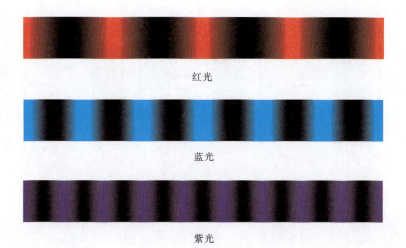

红光

蓝光

紫光

图 5-16　单色光的双缝干涉图样

次出现蓝色、绿色、黄橙色、紫红色干涉色,称为第二级序干涉色,其特点是颜色鲜艳,干涉色条带间界线较清楚;当光程差为 1 100～1 650nm 时,将出现第三级序干涉色,其干涉顺序与第二级序一致,但其干涉色色调比第二级序浅,干涉色条带间的界线已不十分清楚;当光程差大于 1 650nm 后将出现第四级序以至更高级序的干涉色。干涉色级序越高,其颜色越浅,干涉条带之间的界线也越模糊不清。

二、光的衍射

光在传播过程中,遇到障碍物或小孔时,将偏离直线传播的途径而绕过障碍物传播的现象,叫作光的衍射。光的衍射与干涉一样证明了光具有波动性。自光源发出的光线穿过宽度可以调节的狭缝后,在屏幕上会出现光斑。在光源、狭缝和屏幕位置相对固定的情况下,光斑的大小由狭缝的宽度所决定[图 5-17(a)]。如果缩小狭缝的宽度,光斑也会随之变小[图 5-17(b)];但当狭缝的宽度缩小到一定程度时,如约 10^{-4}m 时,若狭缝的宽度再继续缩小,光斑不但不会缩小,反而会增大[图 5-17(c)、(d)]。这时光斑的全部亮度也发生变化,由原来亮度均匀分布的亮斑变成了一系列明暗相间的条纹(光源为单色光源)或彩色条纹(光源为白色光源),条纹也失去了明显的界线。这就是光的衍射现象。衍射产生的原因是,光在没有障碍传播时,是以平面波的形式向前推进传播的,当光在遇到障碍物时,其波场中的能量分布会发生变化,在障碍物边缘产生的子波的相位关系被打破,它们不再是平面波的一部分,不再沿平行方向传播,而是改变其传播方向,同时一系列子波发生干涉便产生了干涉条纹。因此衍射产生的颜色效应包括了干涉。

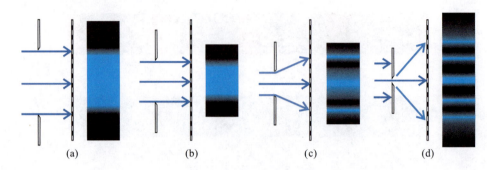

图 5-17 光的衍射原理

衍射是有条件的,只有当障碍物的大小与光波波长十分相近,或略大于光波波长时,衍射才能发生。当单色光发生衍射时,衍射结果产生明暗相间的条纹;当复色光发生衍射时,产生的将是五颜六色的彩色条纹,衍射效应产生的是纯正的光谱色。光的衍射在宝石学中主要的应用有两个方面:其一,利用光的衍射原理而设计的衍射光栅,是宝石用分光镜的主要构件之一。从广义上来说,所谓光栅,就是具有周期性的空间结构或光学性能的衍射屏,利用衍射光栅制作宝石用分光镜可以将复色光即白光分解成线性的衍射光谱,且光谱颜色鲜艳;其二,利用光的衍射原理,可解释宝石中的一些特殊光学效应,如变彩效应。

第五节 光率体

光率体(indicatrix)是晶体光学的理论基础,应用光率体可以解释晶体中的许多光学现象,如正交镜下的消光与干涉、消光类型、锥光镜下的干涉图等,而且能够更为直观地帮助我们理解折射仪在测试宝石的折射率时阴影边界的变化规律,宝石二色性如何影响切工定向等问题。在学习中必须注意以下几个问题。

(1)光波是一种横波,它的传播方向(入射光)与振动方向互相垂直。已知振动方向(切面的方向)就可以知道光波的传播方向,同时也就可以了解不同传播方向上光的折射率值以及双折射率值的变化。

(2)光率体的形态及其构成要素。

(3)光率体主轴与晶体结晶轴的关系。

(4)光性正负划分的原则。

(5)各种典型切面在光率体中的位置。一定要将光率体的立体模型与各种典型切面结合起来理解。

一、光率体的概念

1. 定义

光率体是表示光波在晶体中传播时,光波振动方向与相应折射率之间关系的一种光性指示体。也可以说光率体是表示光波在晶体中各振动方向上折射率和双折射率变化规律的一个立体几何图形。光率体反映了晶体光学性质中最基本的特点,其形状简单、应用方便,是解释晶体光学现象的基础。

2. 具体做法

设想自晶体的中心起,沿光波各个振动方向,以线段的方向表示光波的振动方向,以线段的长短按比例表示折射率的大小,然后将各线段的端点连接起来构成一个立体图形,此立体图形即为光率体。

晶体中不同振动方向的折射率,可以用不同的晶体切面在晶体折射仪中测出。因此光率体是从晶体显示的具体光学性质抽象得出的立体概念,光率体在晶体中不表示具体位置,只表示方向。

二、均质体宝石的光率体

非晶体和等轴晶系的宝石均为均质体宝石。光波在均质体宝石中传播时,向任何方向振动,其传播速度不变,折射率值相等。因此,均质体的光率体是一个圆球体(图 5-18 均质体宝石的光率体)。通过球体中心任何方向的切面都是圆切面,圆切面的半径 N 代表均质体宝石的折射率值。

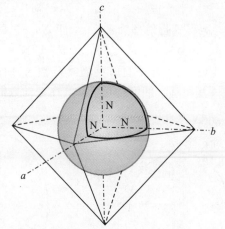

图 5-18 均质体宝石的光率体

三、一轴晶宝石的光率体

中级晶族包括三方、四方、六方晶系,都属于一轴晶宝石。这类宝石晶体有最大和最小两个主折射率值,分别以符号 Ne 和 No 表示,双折射率值 DR=|Ne−No|。当 Ne>No 时,其光性为一轴晶正光性;当 Ne<No 时,其光性为一轴晶负光性,Ne 与 No 的差值为一轴晶宝石的最大双折射率值。接下来以石英与方解石的光率体(图 5-19)的做法为例进行讲解。

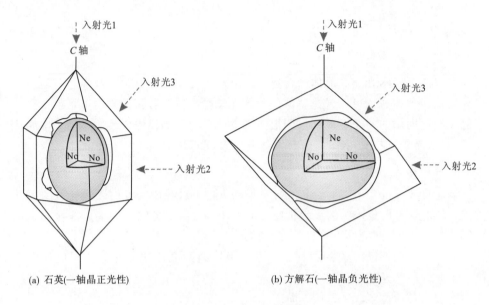

(a) 石英(一轴晶正光性)　　　　(b) 方解石(一轴晶负光性)

图 5-19　一轴晶宝石光率体

1. 一轴晶正光性(以石英为例)

(1)当光波沿光轴(表示为 C 轴)入射时[图 5-19(a)入射光 1],不发生双折射,测得其折射率为 1.544,即 $No=1.544$,自晶体中心起,在垂直 C 轴的方向上截取 $No=1.544$ 成比例的长度,即圆半径为折射率值 No[图 5-20(a)]。

(2)当光波垂直石英晶体 C 轴入射时[图 5-19(a)入射光 2],发生双折射分解成互相垂直的两种偏光,其一振动方向垂直石英 C 轴,测得其折射率为 1.544,

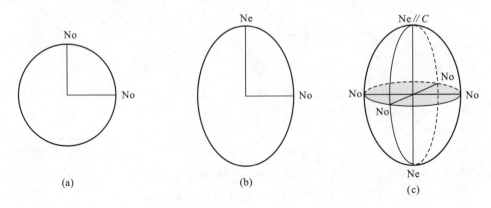

图 5-20　一轴晶正光性光率体的构成

即 No=1.544；另一偏光振动方向平行 C 轴，测得其折射率 Ne=1.553。自晶体中心起，在平行 C 轴方向上截取 Ne=1.553 成比例的长度，垂直 C 轴方向上截取 No=1.544 成比例的长度，以此二线段为长短半径，可构成一个垂直入射光的椭圆切面[图 5－20(b)]。

(3)当光波斜交 C 轴入射时[图 5－19(a)入射光 3]，发生双折射分解形成互相垂直的两种偏光，其中有一个固定不变的折射率值 No=1.544，另外一个因入射方向不同而变化于 1.544～1.553 之间，以 Ne′表示。

如果将图 5－20 中的(a)、(b)两个平面图形组合起来，即可得到一个表示石英与各光波振动方向相应折射率值的空间图形。此即石英光率体[图 5－20(c)]，其旋转轴为 C 轴。

2. 一轴晶负光性(以方解石为例)

(1)当光波沿 C 轴入射时[图 5－19(b)入射光 1]，不发生双折射，所测得的折射率 No=1.658，以 No 为半径作一圆切面[图 5－21(a)]。

(2)当光波垂直 C 轴入射时[图 5－19(b)入射光 2]，发生双折射分解成互相垂直的两种偏光，其一振动方向垂直方解石 C 轴，测得其折射率为 1.658，即 No=1.658；另一偏光振动方向平行 C 轴，测得其折射率 Ne=1.486。自晶体中心起，在平行 C 轴方向上截取 Ne=1.486 成比例的长度，垂直 C 轴方向上截取 No=1.658 成比例的长度，以此二线段为长短半径，可构成一个垂直入射光的椭圆切面[图 5－21(b)]。

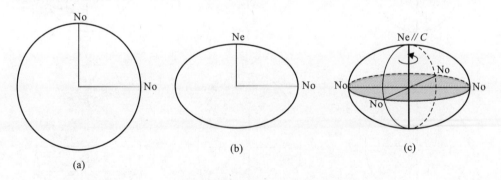

图 5－21　一轴晶负光性光率体的构成

(3)当光波斜交 C 轴入射时[图 5－19(b)入射光 3]，发生双折射分解形成互相垂直的两种偏光，其中有一个固定不变的折射率值 No=1.658，另一个因入射方向不同而变化于 1.486～1.658 之间，以 Ne′表示。

如果将图 5－21 中的(a)、(b)两个平面图形组合起来，即可得到一个表示方解石与各光波振动方向相应折射率值的空间封闭的几何图形。此即方解石的光率体[图5-21(c)],其旋转轴也是光轴 C。

所以一轴晶宝石光率体是一个以 C 轴为旋转轴的旋转椭球体,有正、负光性之分。无论是正光性或负光性,其旋转轴都是 Ne 轴,其水平轴为 No 轴。

一轴晶正光性的光率体,它的旋转轴为长轴,其光率体是沿 Ne(C 轴)方向拉长的旋转椭球体,主折射率关系为 Ne>No,可简写为一(+)。

一轴晶负光性的光率体,它的旋转轴为短轴,其光率体是沿 Ne(C 轴)方向压扁的旋转椭球体,主折射率关系为 Ne<No,可简写为一(−)。

3. 三种主要切面类型

以光轴为参照物,光波从三个方向入射,可切得三种切面(图5-22)。以石英为例,以下分别讨论这三种切面。

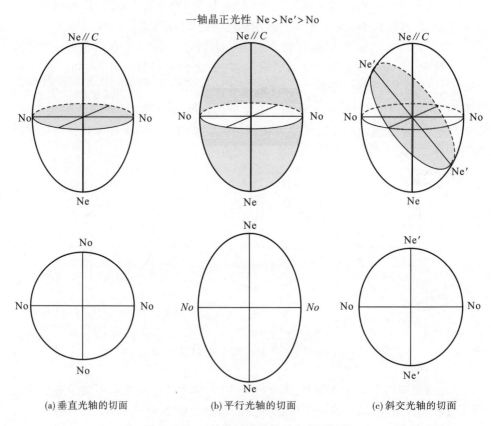

(a) 垂直光轴的切面　　(b) 平行光轴的切面　　(c) 斜交光轴的切面

图5-22　一轴晶正光性的三个主要切面

1) 垂直光轴（⊥C 轴）的切面

光率体切面为圆，其半径等于 No，光波垂直这种切面入射，即平行光轴入射时，不发生双折射，其折射率等于 No[图 5-22(a)]，双折射率为零。一轴晶只有一个这样的圆切面。

2) 平行光轴（∥C 轴）的切面

光率体切面为椭圆，光波垂直这种切面入射，即垂直光轴入射时，发生双折射分解成两种偏光，分别对应着椭圆切面长短半径上的两个主折射率 Ne 和 No[图 5-22(b)]。双折射率等于 Ne 和 No 之差，这是一轴晶矿物的最大双折射率，长半径为 Ne，短半径为 No，如石英 Ne=1.553，No=1.544，DR=0.009。

3) 斜交光轴（≠C 轴）的切面

光率体切面为椭圆形，光波垂直这种切面入射，发生双折射分解成两种偏光，其振动方向分别平行椭圆切面的长、短半径，相应的折射率分别为 No 和 Ne′[图 5-22(c)]，双折射率为 Ne′和 No 之差，其大小介于⊥C 轴切面与∥C 轴切面之间。一轴晶任何斜交光轴切面中始终有一个是 No，正光性时，短半径为 No；负光性时，长半径为 No。

应用光率体，可以确定光波在晶体中的传播方向、振动方向及相应折射率之间的关系。光波沿光轴方向射入晶体，垂直入射光波的光率体切面为圆切面，不发生双折射，也不改变入射光波的振动方向，其双折射率值等于零。

光波沿其他任何方向射入晶体，垂直入射光波的光率体切面均为椭圆切面，其长、短半径方向分别代表入射光波发生双折射分解成的两种偏光的振动方向，半径长短分别代表两种偏光的折射率值。只有当光波变换到沿⊥C 轴的方向入射时，椭圆切面的半径最大，长、短半径之差代表双折射率值。

以上介绍的是一轴晶正光性的三种切面类型，一轴晶负光性的三种切面类型与之类似，如图 5-23 所示。

四、二轴晶宝石光率体

低级晶族包括斜方、单斜、三斜晶系，都属于二轴晶宝石。这类宝石晶体的三根结晶轴轴长不相等（$a \neq b \neq c$），三度空间方向不均一。这类宝石都具有大、中、小三个主折射率值，它们分别与互相垂直的三个振动方向相当，通常以符号 Ng、Nm、Np 代表大、中、小三个主折射率值。双折射率值 DR=Ng−Np。

二轴晶光率体（图 5-24）有三个互相垂直的主轴面，即 Ng-Np 面，Ng-Nm 面，Nm-Np 面。有两个光轴方向（以符号 OA 表示），故称为二轴晶。包括两个光轴的面称为光轴面，光轴面与主轴面 Ng-Np 一致。两光轴之间所夹的锐角称光轴角，以符号"2V"表示。两个光轴之间锐角的等分线称之为锐角等分线，以符号

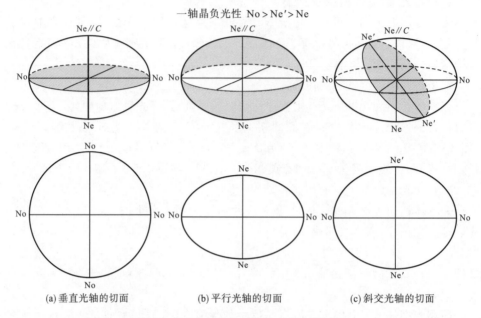

图 5-23 一轴晶负光性的三个主要切面

"Bxa"表示。钝角等分线以符号"Bxo"表示。

根据 Ng、Nm、Np 值的相对大小，可以确定二轴晶光率体的光性符号，当 Bxa 是 Ng 轴时[图 5-24(a)]，即 Ng－Nm＞Nm－Np 时，为正光性；当 Bxa 是 Np 轴时[图 5-24(b)]，即 Ng－Nm＜Nm－Np 时，为负光性。

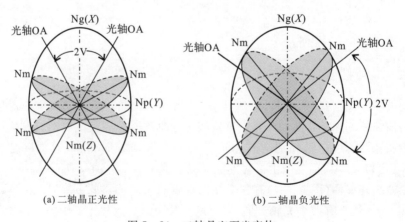

图 5-24 二轴晶宝石光率体

1. 以斜方晶系橄榄石为例讲解二轴晶正光性光率体

如图 5-25(a)入射光 1 所示,光波沿橄榄石的 Z 轴(Nm 轴)方向射入晶体时,发生双折射,分解形成两种偏光。其中一个振动方向平行于 X 轴(Ng 轴),测得折射率值为 1.690;一个振动方向平行于 Y 轴(Np 轴),测得折射率值为 1.654。以此线段为长短半径构成了垂直入射光波(即垂直于 Z 轴)的椭圆切面[图 5-25(b)]。

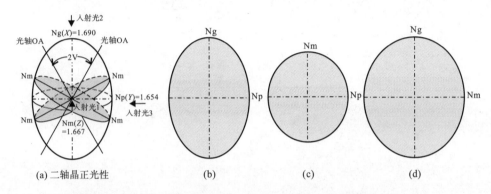

图 5-25　二轴晶正光性(以橄榄石为例)的光率体构成

如图 5-25(a)入射光 2 所示,光波沿橄榄石的 X 轴方向射入晶体时,发生双折射,分解形成两种偏光。其中一个振动方向平行于 Y 轴,测得折射率值为 1.654;另一个振动方向平行于 Z 轴,测得折射率值为 1.667。以此线段为长短半径构成了垂直于 X 轴的椭圆切面[图 5-25(c)]。

如图 5-25(a)入射光 3 所示,光波沿橄榄石的 Y 轴方向射入晶体时,发生双折射,分解形成两种偏光。其中一个振动方向平行于 X 轴,测得折射率值为 1.690;另一个振动方向平行于 Z 轴,测得折射率值为 1.667。以此线段为长短半径构成了垂直于 Y 轴的椭圆切面[图 5-25(d)]。

2. 二轴晶光率体的主切面

(1)垂直光轴(⊥OA)的切面为圆切面,只有一个半径 Nm,垂直圆切面入射的光不发生双折射,圆切面内任何振动方向上的折射率均等于 Nm,双折射率为 0(图 5-26)。

(2)平行光轴面(∥AP 或∥OAP)(即垂直 Nm 主轴)的切面为椭圆,即 Ng-Np 主轴面,其长半径为 Ng,短半径为 Np,光线沿主轴 Nm 入射,产生双折射,双折射等于 Ng-Np,为最大双折射率(图 5-27)。

(3)垂直 Bxa 的切面为椭圆切面,有两种情况:二轴晶正光性相当于主轴面 Nm-Np,其长、短半径分别为 Nm 和 Np[图 5-28(a)];二轴晶负光性晶体相当

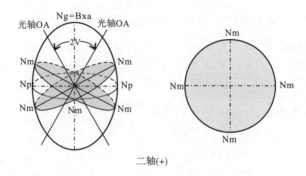

图 5-26 二轴晶(＋)垂直 OA 切面

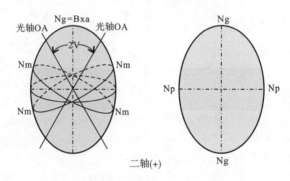

图 5-27 二轴晶(＋)∥AP 切面

于主轴面 Ng-Nm,其长、短半径分别为 Ng 和 Nm[图 5-28(b)]。当光波垂直这种切面入射时(即沿 Bxa 方向入射),发生双折射,分解形成两种偏光。其振动方向必定分别平行椭圆切面长、短半径 Nm 和 Np 或 Ng 和 Nm,相应的折射率值分别等于 Nm 和 Np 或 Ng 和 Nm 值。双折射率等于 Nm－Np 或 Ng－Nm,其大小介于 0 与最大折射率之间。

(4)垂直 Bxo 的切面为椭圆切面,有两种情况:二轴晶正光性晶体相当于主轴面 Ng-Nm 面,其长、短半径分别为 Ng 和 Nm;二轴晶负光性晶体相当于主轴面 Nm-Np 面,其长短半径分别为 Nm 和 Np。当光波垂直这种切面入射时(即沿 Bxo 方向入射),发生双折射,分解形成两种偏光。其振动方向必定分别平行椭圆切面长、短半径 Ng 和 Nm 或 Nm 和 Np,相应的折射率值分别等于 Ng 和 Nm 或 Nm 和 Np 值。双折射率等于 Ng－Nm 或 Nm－Np,其大小介于 0 与最大折射率之间。

无论是正光性还是负光性,垂直 Bxa 切面的双折射率总是小于垂直 Bxo 切面的双折射率。

(5)斜交切面。既不垂直光轴,也不垂直主轴的切面属于斜交切面,这种切面有无数个,它们都是椭圆切面,椭圆长、短半径分别以 Ng'、Np' 表示,Ng' 变化于 Ng 和 Nm 之间,Np' 变化于 Nm 和 Np 之间,故 $Ng>Ng'>Np'>Np$,同时斜交切面也不是主轴面。

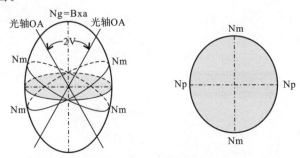

(a) 二轴晶(+)垂直于Bxa的切面

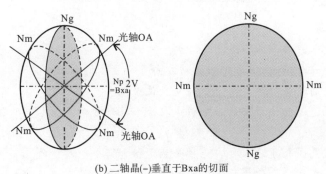

(b) 二轴晶(-)垂直于Bxa的切面

图 5-28 二轴晶垂直 Bxa 的切面

五、小结

表 5-2 介绍了三种光率体类型及其特征。

表 5-2 三种光率体类型及其特征汇总表

光率体 类型	光率体 形态	光轴 数目	主折射率	最大 双折射率	光性正负	晶系及代表性矿物
均质体 光率体	圆球体	/	N	0	/	等轴晶系:石榴子石
一轴晶 光率体	旋转 椭球体	1个	Ne>No Ne<No	Ne-No No-Ne	(+) (-)	三方晶系:方解石 四方晶系:锆石 六方晶系:磷灰石
二轴晶 光率体	三轴不等 椭球体	2个	Bxa=Ng Bxa=Np	Ng-Np Ng-Np	二(+) 二(-)	斜方晶系:橄榄石 单斜晶系:普通辉石 三斜晶系:斜长石

习　题

一、名词解释

1. 可见光
2. 自然光
3. 偏振光
4. 光密度
5. 干涉
6. 衍射
7. 光率体

二、判断题

1. 光波是一种典型的横波。　　　　　　　　　　　　　　　　　　（　　）
2. 光波是一种横波,因为它的振动方向平行于传播方向。　　　　（　　）
3. 自然光通过折射和反射可以转变成偏振光。　　　　　　　　　（　　）
4. 自然光通过非均质宝石后分解成在两个振动方向互相垂直的偏振光。
   　　　　　　　　　　　　　　　　　　　　　　　　　　　　（　　）
5. 光线从光疏介质进入光密介质必然是折射角小于入射角。　　　（　　）
6. 利用合成立方氧化锆作半球的折射仪可以测定钻石的折射率。　（　　）
7. 光波在宝石中的传播速度比在空气中快。　　　　　　　　　　（　　）
8. 光性均质体的宝石一定是晶体。　　　　　　　　　　　　　　（　　）
9. 均质体宝石的光率体是一个圆球,所以它的不同位置的切面是大小不同的圆。　　　　　　　　　　　　　　　　　　　　　　　　（　　）
10. 非均质宝石一定是晶体。　　　　　　　　　　　　　　　　　（　　）
11. 一轴晶宝石的 No 一定小于 Ne。　　　　　　　　　　　　　　（　　）
12. 非均质光率体的切面中只有一个方向是圆切面。　　　　　　（　　）
13. 非均质体宝石光率体切面都是椭圆的。　　　　　　　　　　（　　）

三、选择题

1. 光的振动方向与传播方向(　　)。
   A. 垂直　　　　　B. 平行　　　　　C. 斜交　　　　　D. 以上都不对
2. 可见光波长的范围应写为(　　)。
   A. 700～400Å(1Å＝0.1nm)　　　　　B. 850～300nm
   C. 700～400nm　　　　　　　　　　D. 750～300nm

3. 如果两个偏振片处在"正交位置"(　　)。
   A. 有最大量的光通过　　　　　　B. 全黑
   C. 通过的光减少一半　　　　　　D. 可见多色性
4. 临界角较小的宝石,光的内全反射范围(　　)。
   A. 宽　　　　B. 中等　　　　C. 窄　　　　D. 以上都不对
5. 一轴晶具有(　　)。
   A. 一个平行于纵向结晶轴的光轴　　B. 一个平行于横向结晶轴的光轴
   C. 光轴与 b 轴平行　　　　　　　D. 光轴与 a 轴平行
6. 在一轴晶中 Ne 平行于晶体结晶轴的(　　)。
   A. a 轴　　　B. b 轴　　　C. c 轴　　　D. d 轴
7. 在一个双折射的宝石晶体中,沿光轴方向传播的光是(　　)。
   A. 双折射的　　　　　　　　　　B. 最大光密度方向
   C. 偏振光振动的方向　　　　　　D. 单折射的
8. 二轴晶光率体的光轴面与圆切面为(　　)。
   A. 平行　　　B. 斜交　　　C. 垂直　　　D. 以上都不对

四、问答题

1. 光在宝石中的作用有哪些?请举例说明。
2. 请作图解释全反射与临界角。
3. 请作图描述均质体与非均质体宝石的特征。
4. 以石英为例详细描述一轴晶宝石光率体。

第六章　宝石的物理性质

- ❖ 宝石为什么会这么漂亮？
- ❖ 钻石为什么会璀璨夺目？
- ❖ 宝石切割的时候要选定方向吗？
- ❖ 为什么有的宝石能在不同的光线下显示不同的颜色？而有的宝石从不同的角度观察会呈现不同的颜色？

第六章 宝石的物理性质

第一节 宝石的光学性质

宝石的光学特征是指宝石对可见光的吸收、反射和折射时所表现的特殊性质，以及可见光在宝石中的干涉和衍射现象。

一、颜色

1. 颜色的定义

颜色(color)是决定宝石价值高低的基本和首要因素。它是眼睛对光波的感应而在大脑中产生的感觉。可见光经物体选择性吸收后，其残余光的混合色即是该物体的颜色。

对宝石颜色的感觉取决于：①白光源；②反射、散射及改变这种光的物体；③接受光的人的眼睛和解释它的大脑。

三个条件缺一不可，否则就无颜色。

2. 宝石的颜色及颜色的分类

人眼所观察到的宝石的颜色是宝石矿物对自然光谱选择性吸收后的残余色（补色）。

如红宝石的色调为红色，是因为红宝石中杂质铬离子不同程度地选择性吸收了光源中黄绿光和蓝紫光，而透射出橙光、红光及部分蓝光（未被吸收的残余能量的组合）。

3. 宝石颜色的表征方法

表征颜色的三个重要的物理量分别为：色调、明度、饱和度。

（1）色调（也称色相）。色调是颜色的主要标志量，是各颜色之间相互区别的重要参数，红色、橙色、黄色、绿色、青色、蓝色、紫色以及其他的一些混合色名均是由色调的不同而加以区分。色调是彩色宝石间相互区分的特性，如红色、绿色或蓝色等的属性。色调与残余光的波长有关，通常用主波长来表示。例如某宝石主波长为 600nm，则该宝石显橙黄色。不同颜色的宝石其色调不同，相同颜色的宝石，在色调上也会有差异。

（2）明度。指光对宝石的透射、反射程度，对光源来讲，即相当于它的亮度。明度是人眼对宝石表面的明暗感觉，一般而言，宝石对光反射率越高，明度越高。明度是指颜色的明亮程度，即光的强度或亮度，取决于宝石所反射或透射光的亮度。宝石对光的反射比或透射比越高，明度就越大。

(3)饱和度(也称彩度)。指宝石颜色的纯洁程度,可见光谱的各种单色的饱和度最高。当光谱色加入白光成分时,饱和度则降低。纯白色的饱和度等于零。饱和度是指色彩的纯净程度或鲜艳度,取决于颜色中白光的含量或比例。饱和度是宝石的鉴别特征,也为彩色宝石颜色分级提供了依据。

4. 宝石颜色呈色机理

1)致色元素致色

(1)致色元素。宝石中含有的能对可见光进行选择性吸收的化学元素,主要有八种过渡族的元素:钛(Ti)、钒(V)、铬(Cr)、锰(Mn)、铁(Fe)、钴(Co)、镍(Ni)、铜(Cu)。

(2)自色宝石。自色宝石指由作为宝石矿物基本化学组分中的元素而引起的颜色,如橄榄石中的Fe。自色宝石的颜色非常稳定,品种相对单一。其颜色只是有深浅、浓淡上的变化,而不会有色调上大的变化。我们往往通过肉眼就能够识别这一类宝石(表6-1)。

表6-1 典型自色宝石及其特征

图片	特征
	**橄榄石** $(Mg,Fe)_2[SiO_4]_2$ Fe致色,特征的黄绿色,绿色中明显带有黄色调。玻璃光泽
	**铁铝榴石-镁铝榴石** $Fe_3Al_2[SiO_4]_3 - Mg_3Al_2[SiO_4]_3$ Fe致色,暗红色至玫红色,Fe含量越高,颜色越深。强玻璃光泽
	**锰铝榴石** $Mn_3Al_2[SiO_4]_3$ Mn致色,橙色、橙红色,颜色中明显带有橙色调。亚金刚光泽

续表 6-1

孔雀石
$Cu_2CO_3(OH)_2$
Cu 致色,特征的孔雀绿,典型的平行条带或环带结构。典型丝绢光泽

绿松石
$CuAl_6(PO_4)_4(OH)_8·5H_2O$
Cu 致色,特征的绿色、蓝绿色、天蓝色,不规则的黑色铁线。蜡状光泽

(3)他色宝石。他色宝石由宝石矿物中所含杂质元素而致色。他色宝石在十分纯净时呈无色,当其含有微量致色元素时,可产生颜色,不同微量元素可以产生不同的颜色。如尖晶石在纯净时可无色,含微量 Co 时呈现蓝色,含微量 Fe 时呈现褐色,含微量 Cr 时呈现红色。

自色宝石和他色宝石详见表 6-2。

2)色心致色

色心作为晶格缺陷的一种特例,泛指宝石中能选择性吸收可见光能量并产生颜色的晶格缺陷,属典型的结构呈色类型。

(1)电子色心(F 心)。电子色心是由宝石晶体结构中阴离子空位引起的,如萤石。

(2)空穴色心(V 心)。空穴色心是由晶体结构中阳离子缺位引起的,如紫晶、烟晶、蓝色托帕石等。

3)物理呈色

物理呈色是指并非因宝石化学组成对可见光的选择性吸收,而是因宝石特殊的结构、构造引发的物理学现象。如色散、干涉、衍射所导致的颜色效应,也称"结构性颜色",它常常叠加在宝石因选择性吸收而呈现的体色上,并非宝石真正的颜色,有时也可以增添宝石的美丽。

表6－2　自色宝石和他色宝石一览表

自色宝石			他色宝石		
致色元素	宝石	颜色	致色色素	宝石	颜色
Cr	钙铬榴石	绿色	Ti	蓝锥矿	蓝色
Mn	锰铝榴石	橙色	Ti、Fe	蓝宝石	蓝色
Mn	菱锰矿	粉红色	V	绿色绿柱石	绿色
Mn	蔷薇辉石	粉红色	Cr	红宝石、红尖晶石	红色
Fe	橄榄石	黄绿色	Cr	祖母绿	绿色
Fe	铁铝榴石	暗红色	Cr	变石	红色、绿色
Cu	绿松石	天蓝色	Cr	玉髓、翡翠	绿色
Cu	孔雀石	绿色	Mn	红色绿柱石	粉红色
Cu	硅孔雀石	蓝绿色	Fe	海蓝宝石	蓝色和绿色
注意:Cu在他色宝石中极少作为致色元素出现			Fe	电气石	绿色和褐色
			Fe	蓝尖晶石	蓝色
			Co	蓝尖晶（极纯）	蓝色
			Co	合成蓝色尖晶	蓝色
			Ni	绿玉髓	绿色

欧泊:由结构及干涉、衍射作用产生的色斑。
拉长石、月光石:由衍射作用产生晕彩。
日光石、东陵石:由内含物对光的反射产生颜色。
钻石:因色散值高,使无色钻石产生五光十色的火彩。

二、光泽

光泽(luster)是指材料表面反光的能力和特征。它主要与材料的折射率、反光率有关,但也与材料的颗粒集合方式、表面平整程度以及抛光质量和硬度有关。

1. 矿物学中,通常按光泽强弱分为四个级别(表6-3)

表6-3 折射率与光泽的关系

折射率	光泽	宝石矿物
折射率>3	金属光泽	铂、金、银、铜
折射率2.6~3	半金属光泽	乌钢石(针铁矿)、闪锌矿
折射率1.9~2.6	金刚光泽	金刚石、锆石(亚金刚光泽)
折射率1.3~1.9	玻璃光泽	绝大多数宝石

2. 特殊光泽

(1)油脂光泽。在一些颜色较浅,具有玻璃光泽或金刚光泽的宝石的不平坦断面上或集合体颗粒表面所见到的一种类似油脂状的反光。如钻石抛光后为金刚光泽,而有些钻石的原石表面具有油脂状特征也常描述为油脂光泽。石英晶面为玻璃光泽,断口可为油脂光泽,集合体的石英岩断口也为油脂光泽。

(2)蜡状光泽。在一些半透明或不透明、低硬度的隐晶质或非晶质块状集合体表面,由于反射面不平坦,产生一种比油脂光泽暗些、类似于石蜡的表面反光。如块状叶腊石、绿松石等。

(3)珍珠光泽。在珍珠的表面或一些解理发育的浅色透明宝石矿物表面,所见到的一种柔和多彩的光泽,如珍珠。这是由于紧靠表面下方的初始解理引起了横跨解理面的晕彩。

(4)丝绢光泽。一些原本具有玻璃光泽或金刚光泽的宝石矿物,当它们呈纤维状集合体的形式出现时表面所见到的一种绸缎的光泽,如虎睛石、孔雀石等。

(5)树脂光泽。琥珀等有机宝石,断面上可以见到一种类似于松香等树脂所呈现的光泽,可定义为树脂光泽,但当琥珀磨抛出一个非常好的平面时,可呈现近似玻璃光泽。

(6)土状光泽。呈粉末状或土状集合体的宝石矿物表面因对光的漫反射或散射而呈现一种暗淡的土状光泽,如风化程度较高的劣质绿松石。

3. 光泽在宝石鉴定中的应用

光泽是宝石的重要性质之一。在宝石的肉眼鉴别中,光泽可以提供一些重要的信息。经验丰富的鉴定人员,可以凭借光泽的特征将部分仿制品剔除或对不同的宝石品种进行初步的鉴别。如在斯里兰卡购买的一种混装宝石,其中主要的品种有尖晶石、锆石、石榴石,有经验者可以凭借锆石的亚金刚光泽而将锆石初选出来。可以利用放大镜来观察宝石的断面,以此来鉴别宝石品种。玉髓、软玉等宝石其断面多具有油脂光泽,而绿柱石等单晶宝石的断面则多具有玻璃光泽。光泽在宝石鉴定中的另一个应用是对拼合石的鉴别。在放大镜下观察拼合石的不同部位,往往显示不同的光泽。例如以玻璃为底、石榴石为顶的拼合石,由于石榴石的折射率较高,因而表现出强玻璃光泽。上、下两部分光泽的差异足以引起鉴定者警惕。

虽然光泽可以作为宝石鉴定的依据之一,但是光泽不是绝对的鉴定依据,它需要与其他手段相配合,才能对宝石作出准确的鉴定。因为光泽除受自身因素影响之外,还会受到抛光程度等的影响。金刚光泽在宝石中是一种很强的光泽,但如果将一块切割和抛光不良的钻石与一块切割和抛光都十分好的锆石放在一起,在近距离的明亮光线下观察,单凭光泽,即使是内行人也很难分辨出来。

三、透明度

透明度(transparency)是指物质透过光的强弱的一种表现。吸收性强,透明度弱;吸收性弱,透明度强。

(1)透明。能完全清晰地透视其他物体。如钻石、红宝石等能允许绝大部分的可见光透过晶体。

(2)半透明。一般厚度下,能模糊地透视其他物体的轮廓。如玛瑙、芙蓉石等能允许部分光透过晶体。

(3)微透明。一般厚度下,能透过光,但看不清透过的物象。如软玉、独山玉、岫玉等。

(4)不透明。宝石的晶体或块体基本上不透光。如青金岩、绿松石、珊瑚等。

以翡翠为例:翡翠俗称的"水"就是指翡翠的透明度,使翡翠看起来青翠欲滴、灵气逼人(图6-1)。翡翠透明度如何,珠宝界称作"几分水":"一分水"指3mm厚的翡翠,是半透明的;"二分水"指6mm厚的翡翠,是半透明的。有"二分水"的翡翠就是很好的玻璃种了。要特别注意的是观察透明度时,光的强弱和翡翠厚度变化对其影响较大。

图6-1 不同透明度的翡翠

四、亮度

亮度是指光从已切磨成刻面型宝石的亭部小面反射出来而导致的明亮程度。它是由从亭部刻面全内反射的光和从冠部表面反射的光共同造成的。宝石的亮度既取决于宝石本身使光充分传播的能力，同时也取决于宝石使光充分反射的能力，所以最大的亮度也取决于宝石总的透明度。

当光线从光密介质进入光疏介质时，折射线偏离法线方向，折射角大于入射角。当折射角为90°时，即折射光线沿两介质交界面通过时，所对应的入射角称之为全反射临界角；全内反射指当光线从光密介质进入光疏介质时，如果入射角大于临界角，光线将发生全内反射，并遵循反射定律，留在光密介质中。

适当的宝石后刻面琢型角度，可使从顶部进入宝石的入射光，经过多次的全内反射能再次从亭部射出，从而使宝石顿时增辉。相比之下，琢型不正确会产生"漏光"现象，即入射光从后刻面发生折射，光线从后刻面漏走，给人以呆板且有暗域的感觉。

如图6-2(a)所示，钻石折射率值高达2.417，正确的加工比例可以使钻石不漏光，而显得格外明亮。但假如以钻石的比例来切磨低折射率的宝石(如普通玻璃RI:1.54)，因为临界角较大而漏光[图6-2(b)]，导致相同切工的玻璃明显不如钻石等高折射率的宝石闪亮。

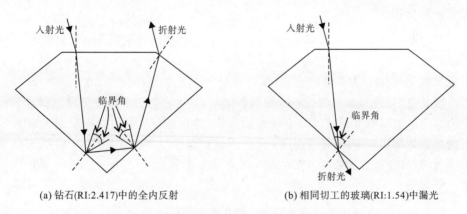

(a) 钻石(RI:2.417)中的全内反射　　(b) 相同切工的玻璃(RI:1.54)中漏光

图6-2　相同切工比例的钻石与普通玻璃明度不同

五、色散

色散指复色光分解为单色光而形成光谱的现象。色散值是反映材料色散强度(即火彩强弱)的物理量。

火彩(fire)是指当白光照射到透明刻面宝石时,因色散而使宝石呈现光谱色闪烁的现象。

刻面型宝石的色散作用使白光分解形成五颜六色的闪烁光的现象(图6-3)。入射光在宝石中的折射率随其频率的减小(或波长的增大)而减小,而折射率越小则折射角相对较大,所以我们可以看到图6-3(a)中,白光在经过棱镜后从上到下分解成红、橙、黄、绿、蓝、紫的系列光谱。影响色散的因素有如下几个。

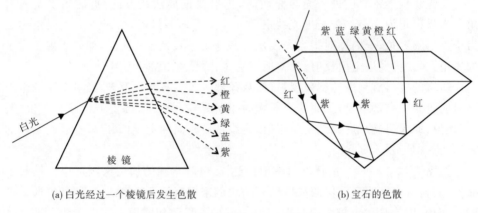

(a) 白光经过一个棱镜后发生色散　　　　(b) 宝石的色散

图6-3　光线在宝石中的色散

1. 色散值

理论上用该材料的色散值等于红光($B=686.7nm$)的折射率与紫光($G=430.8nm$)的折射率之间差值来表示,差值越大,色散强度越大,则火彩越强。如钻石色散值为0.044,为高色散宝石,按理想比例加工的圆多面形,在冠部小面可闪烁出橙黄色、蓝色等颜色的火彩。按照色散值,将宝石的色散划分为高、中、低三种类型。色散值高的宝石可以具有较好的火彩,这也是鉴别特征之一。绝大多数宝石的色散值都比较小,为低色散宝石,高色散宝石较少。因此,火彩较好的天然宝石极为稀少,这也成为影响其价值的一个很重要的指标。

2. 切工

宝石的火彩还取决于宝石的琢型,尤其是冠部倾斜的刻面的角度和大小,正确的切工才能最大限度地展示宝石的色散作用而形成的火彩。

3. 体色

宝石如果有明显的体色,会使火彩大为减弱,所以,只有无色或者色很浅的具有高色散值的宝石才具有好的火彩,例如无色钻石。

六、各向同性与各向异性

1. 各向同性宝石

等轴晶系和非晶质结构的宝石,允许光线朝各个方向以相同的速度通过,这类宝石材料在任意方向上均表现出相同的光性(各向同性),只有一个折射率值,又叫单折射宝石。

特定频率的光波在均质体宝石中传播时,其传播速度不因光波在晶体中振动方向不同而发生改变。均质体的折射率值不因光波在晶体的振动方向不同而发生改变,其折射率值只有一个。自然光射入均质体后,基本上仍为自然光;偏光入射均质体后仍为偏光,而且其振动方向基本不变。

若透明材料在正交偏光片间无论取向如何都是很暗的,那么它是各向同性的。等轴晶系的宝石有钻石、尖晶石、石榴石族及合成立方氧化锆(CZ)、钇铝榴石(YAG)、钇镓榴石(GGG)等;非晶质宝石有欧泊、琥珀、各种天然和人造玻璃、塑料等。

2. 各向异性宝石

三方、四方、六方、斜方、单斜、三斜六个晶系的宝石均表现出定向的光性(各向异性)。光线通过这类非均质体宝石时,入射光线将分解为两条传播方向不同、振动方向互相垂直的平面偏振光,不同的偏振光的传播速度不同,则对应两个不同的折射率值,两个折射率之间的差值称为双折射率值。各向异性宝石又叫双折射宝石。

各向异性宝石的双折射率,用最大折射率值(RI_{max})和最小折射率值(RI_{min})的差值来表示。双折射率 $DR = RI_{max} - RI_{min}$。

七、单折射和双折射

1. 单折射宝石

单折射宝石包括等轴晶系和非晶质两类。这两类宝石允许光线朝各个方向以相同的速度通过,这类材料在任意方向上均表现出相同的光性(各向同性),只有一个折射率值。

异常双折射是指等轴晶系和非晶质体宝石中,常常在正交偏光下出现波状消光,旋转宝石360°出现明暗相间条纹或斑点、黑十字、黑色弯曲带,这种现象是由宝石内部应变产生。

显示异常双折射的有色透明宝石不具有多色性。

2. 双折射宝石

双折射宝石包括三方、四方、六方、斜方、单斜、三斜六个晶系的宝石。如图6-4所示,当光线通过这类非均质体宝石时均表现出定向的光性(各向异性),入射光线将分解为彼此完全独立的、传播方向不同、振动方向互相垂直的平面偏振光,不同的平面偏振光的传播速度不同,即有不同的折射率值,两个折射率之间的差值称为双折射率值。

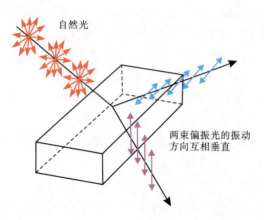

图 6-4 双折射的产生

以冰洲石为例:$RI_{max} - RI_{min} = DR$,$1.658 - 1.486 = 0.172$(双折射率)。

如图6-5所示,当一束自然光入射冰洲石时,发生双折射和偏光化,分解成两种振动方向互相垂直,且传播速度不等的偏光。其中一种偏光无论入射光方向如何改变,其振动方向总是垂直于冰洲石的C轴,相应的折射率值也始终保持不变,这种偏光称为常光(ordinary ray),常光对应的折射率以符号"No"表示。冰洲石的$No = 1.658$。另一个偏光的振动方向平行于C轴与光波传播方向构成的平面,且同时与光波传播方向和常光振动方向垂直,其传播速度和相应的折射率值随着入射光波方向的改变而改变。这种偏光称之为非常光,相对应的折射率以符号"Ne"表示。冰洲石的$Ne = 1.486$。

双折射宝石包括一轴晶宝石和二轴晶宝石。一轴晶宝石(三方晶系、四方晶系、六方晶系)有一个方向不发生双折射,有一个光轴方向,称为一轴晶;二轴晶宝石(斜方晶系、单斜晶系、三斜晶系)有两个方向不发生双折射,有两个光轴方向,称为二轴晶。

光轴:所有各向异性宝石都有一个或两个不发生双折射的方向。

一轴晶:三方晶系、四方晶系、六方晶系的宝石有一个方向不发生双折射,有一

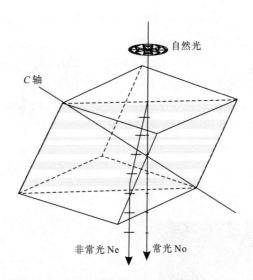

图 6-5 冰洲石的双折射率特征

个光轴方向,称为一轴晶。

二轴晶:斜方晶系、单斜晶系、三斜晶系的宝石有两个方向不发生双折射,有两个光轴方向,称为二轴晶。

八、多色性

多色性是描述某些双折射彩色透明宝石中看到不同方向性颜色的通用术语,它包括二色性和三色性。光线进入非均质体宝石中分解成两条偏振光,两束光的传播速度有所不同,宝石对这两束光的选择性吸收程度也有差异,因而形成不同方向上的颜色不同的现象。

一轴晶宝石有两个方向性颜色,称为二色性;二轴晶宝石可以有三个方向性颜色,称为三色性。只有二轴晶宝石才能出现三色性,但二轴晶也能出现二色性。因此当在宝石内部观察到二色性时仅可以判断这个宝石为双折射的非均质体宝石,而只有观察到三色性时才能进一步的证明这个宝石为二轴晶宝石。

根据所观察到两种或三种不同颜色的差异程度,我们将多色性的程度分为强(明显)、中、弱、无四个等级,描述时应客观地写出两种或三种颜色的名称。如图 6-6 所示,正确的描述应为强:紫色/浅紫色。这里需要注意的是,多色性的描述中某一个颜色的用词一定要与肉眼观察中体色的描述用词一致,例如肉眼观察中紫水晶的颜色描述为紫色,而多色性描述中也应描述为紫色,而不能描述为蓝紫色或其他颜色。

多色性的意义：①明显多色性，对鉴定有帮助；②显示多色性的宝石，必定具有双折射；③具有多色性的宝石在加工中必须正确取向，如红、蓝宝石加工中必须台面垂直于晶体 C 轴方向，方可显示最好的颜色。如图 6-7 所示，已知红宝石的常光 No 方向为红色，非常光 Ne 方向为橙红色，为了使红宝石显示纯正的红色而不带橙色调，那么我们在切磨的时候，就应该使红宝石的台面垂直于光轴（C 轴）方向。这一点同学们自己可以尝试着加以证明。

图 6-6　紫水晶的多色性

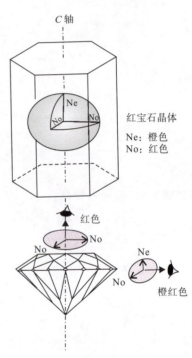

图 6-7　红宝石加工时的定向

九、发光性

发光性是指一些宝石矿物能在 X 射线或紫外线照射下发射出并呈现一定颜色可见光的现象。

（1）荧光。宝石矿物在受外界能量激发时发光，激发源撤除后发光立即停止，这种发光现象称为荧光。如图 6-8 所示为一套天然钻石项链与耳环在自然光线下（左图）和紫外灯下（右图）的现象。可以看到天然钻石显示强度不一，且颜色不一的荧光。而仿制品通常会显示强度一致，颜色一致的荧光，这一定程度上成为了天然钻石的辅助鉴别特征。根据所观察到的荧光的强度，我们将荧光的强度分为强、中、弱、无四个等级。描述时应客观地写出荧光的强度及所显示的颜色。如图6-8中所示钻石,荧光正确的描述为强;绿色。

图6-8　正常光线下与紫外灯下的钻石套链

(2)磷光。宝石矿物在受外界能量激发时发光,激发源撤除后仍能继续发光的现象称为磷光。

十、特殊光学效应(special optical effect)

1. 猫眼效应(chatoyancy)

在琢磨成弧面型的宝石表面出现的从一头到另一头的亮带,这条亮带会随着光线的移动而移动,是由平行定向的针管状包体对光的反射形成的。

形成猫眼的条件(图6-9):①一组针管状包体密集而平行的排列;②琢磨成弧面型宝石底面平行于包体的方向,这些包体可以是针状矿物、管状矿物、细长片晶等;③弧面型宝石的长轴方向垂直于包体方向;④加工弧面型的高度应适当。

具有猫眼效应的宝石有金绿宝石、碧玺、绿柱石、石英、磷灰石、方柱石、红柱石等,其中以金绿宝石猫眼效果最佳,具有猫眼效应的金绿宝石,可直接称为猫眼,这是唯一一种无需注明矿物而直称猫眼的宝石。而能产生猫眼效应的其他一些宝石如石英(包括虎睛石)和碧玺,应描述成石英猫眼、碧玺猫眼等。

2. 星光效应(asterism)

琢磨成弧面型的某些宝石表面,在点光源下通常有4道或6道,极个别为12

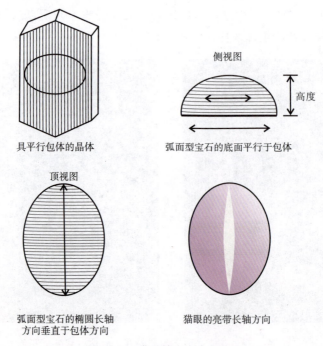

图 6-9 猫眼效应产生的条件

道星状光线的效应。星光由多组定向排列的针管状包体对光的反射所造成。天然星光宝石的星线交汇处形成一团明亮的光斑,称之为宝光。

如图 6-10 所示,刚玉三组平行排列的包裹体分别于三个横晶轴所在的平面,彼此以 120°相交。当宝石切磨成弧面型且与其底面平行于这三组包裹体所在的平面时,光从宝石内部的每组包裹体反射,导致三条相交的反射光带,在表面显示出六射星光效应。

形成条件:①至少两个方向定向排列的密集的针管状包体;②弧面型宝石底面平行于包体所在平面;③加工弧面型的高度应适当。

能显示出星光效应的宝石有红宝石、蓝宝石、铁铝榴石、尖晶石、透辉石(图 6-11)、芙蓉石等。在图 6-12 中可以明显地看到两组平行排列的丝状包体。

天然刚玉的星光发散,发自深部,有宝光;合成星光刚玉星线细直,浮于表面,无宝光。

3. 晕彩效应(iridescence)

光波因薄膜反射或衍射而发生干涉作用,致使某些光波减弱或消失,某些光波加强,而产生的颜色现象称为晕彩效应。如拉长石的晕彩,可称为拉长石晕彩(labradorescence)。

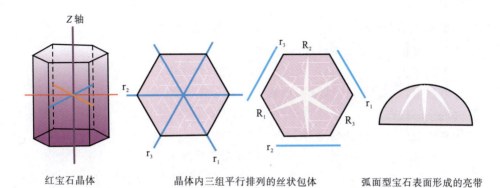

红宝石晶体　　　　晶体内三组平行排列的丝状包体　　　　弧面型宝石表面形成的亮带

图 6-10　星光效应与定向排列的针管状包体和加工方向有关

图 6-11　透辉石的四射星光

图 6-12　透辉石中两组平行排列的丝状包体

同学们经常会将光泽与晕彩混淆,光泽与晕彩的区别详见表 6-4。

表 6-4　光泽与晕彩的对比

光泽	晕彩
光学性质	特殊光学效应
材料表面光滑	材料表面光滑
材料表面反光的能力和特征,在抛光程度相同的情况下,取决于折射率	薄膜反射或衍射而发生的干涉作用,取决于材料的结构

4. 变彩效应(play of colour)

变彩效应指光从某些特殊的结构反射出时,由于干涉或衍射作用而产生的颜色或一系列颜色,随观察方向不同而变化的现象,如欧泊。

在欧泊中,二氧化硅小球堆积形成了三维立体光栅(图6-13)。二氧化硅小球之间的空间提供了细小的孔隙并产生明亮的晕彩色,是从极小和规则排列的结构或包裹体衍射。二氧化硅球体的直径只有200~300nm,它们之间的孔隙在尺寸上与光的波长为同一数量级。当一些白光光线穿过三维结构时将发生干涉。不同的欧泊样品中球体的大小不同,所产生的颜色范围也不同,球体直径为300nm,形成七色色斑;球体直径为150~200nm,形成蓝色、蓝绿色色斑;球体太大或太小,不能形成衍射。当转动宝石时就会出现多种颜色。

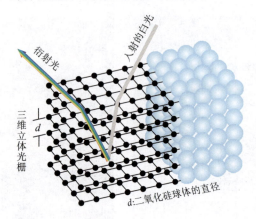

图6-13 欧泊的微观结构与晕彩的形成

5. 砂金效应(aventurescence)

半透明的单晶宝石中含有片状包裹体,对光的反射而形成闪闪发光的现象称为砂金效应。

(1)日光石含大量的橙色赤铁矿小薄片的长石。

(2)东陵玉含大量绿色铬云母片的石英岩。

(3)砂金玻璃是玻璃中含有铜片,也称"砂金石",颜色有黄褐色、暗蓝色。

6. 变色效应(color change effect)

宝石在日光和白炽灯下观察,出现截然不同的两种颜色。日光下呈现绿色,白炽灯下呈现红色。

这种由于入射光波长改变而使宝石呈现不同颜色的光学效应称为变色效应。对光的选择性吸收是宝石呈色的基本原因。但由于入射光的改变,有些宝石会呈现不同的颜色。

例如：变石，它是金绿宝石的一个亚种，在日光下呈绿色，烛光下呈红色。这是因为变石含过渡族元素Cr。Cr元素在红宝石中形成红色，在祖母绿中形成绿色，而在变石中Cr元素需要的能量正好处于红色和绿色之中，因此宝石的颜色取决于所观察的光源。变石在绿光充足的日光下呈现绿色，在红光充足的烛光中呈现红色。

变色效应产生的必备条件：宝石的可见光吸收谱中存在着两个明显相间分布的色光透过带，而其余光均被较强吸收透射光的波长与透射强度成正比。

变色效应不仅在天然变石中发生，还产生在合成变石和合成刚玉仿变石中。合成刚玉仿变石在日光下呈灰蓝色，白炽灯下呈紫红色，它是由过渡族元素V（+Cr）致色的。

只有金绿宝石中具变色效应的变石才能直称为变石。其他的如刚玉、石榴石、尖晶石等只能称为变色刚玉、变色石榴石或变色尖晶石等。

7. 小结

猫眼效应、星光效应和砂金效应均由包体造成，现将这三种特殊光效进行详细对比，见表6-5。

表6-5　猫眼效应、星光效应和砂金效应对比

异同点		猫眼效应	星光效应	砂金效应
相同	特点	特殊光学效应	特殊光学效应	特殊光学效应
	加工	加工成弧面型	加工成弧面型	加工成弧面型
不同	包体	一组平行排列针管状包体	两组以上互相垂直排列的针管状包体	大量的赤铁矿呈片状分布
	亮带	当光线照射时因反射作用而产生一条随着光线而移动的亮带	当光线照射时因反射作用而产生两条以上随着光线而移动的亮带，四射或六射，中心常有"宝光"	当光线照射时因反射作用而闪闪发亮。这种现象也称为砂金效应
	举例	金绿宝石、碧玺、绿柱石、石英	红宝石、蓝宝石、铁铝榴石、尖晶石、芙蓉石	日光石、黑曜岩、砂金石（玻璃仿制品）

晕彩效应、变彩效应和变色效应均与光的波动性有关，现将这三种特殊光效进行详细对比，见表6-6。

表 6-6 晕彩效应、变彩效应和变色效应对比

异同点		晕彩效应	变彩效应	变色效应
相同	特点	特殊光学效应	特殊光学效应	特殊光学效应
不同	主要影响因素	光的干涉	光的衍射	选择性吸收,颜色的平衡
	结构	长石中出溶有钾钠互层	二氧化硅小球形成的三维立体光栅	过渡元素致色
	举例	拉长石、月光石	欧泊	金绿宝石、合成刚玉仿变石、变色石榴石

第二节 宝石的力学性质

一、硬度

宝石抵抗外来压入、刻划或研磨等机械作用的能力称为宝石的硬度(hardness)。宝石的硬度与其晶体结构、化学键、化学组成等有关,取决于原子间的键合力的性质和强度。

1. 摩氏硬度

宝石的硬度可分为绝对硬度和相对硬度。绝对硬度是通过硬度仪在标准条件下测定的。宝石的相对硬度(或比较硬度)是与规定的标准矿物比对得出的相对刻划硬度相对而言,在鉴定宝石中更有意义。常用的相对硬度表是摩氏硬度(H)表或称摩氏硬度计。摩氏硬度计是德国矿物学家 Friedrich Mohs 在 1822 年根据十种标准矿物的相对硬度确定的定性级别,共分为十个级别。如图 6-14 所示。

在摩氏硬度中,金刚石最硬(H=10),滑石最软(H=1)。另外,对摩氏硬度计需要说明的是,其十个标准矿物之间的绝对硬度差异不是等间距的。例如,硬度为 10 的钻石和硬度为 9 的刚玉之间的绝对硬度差异,实际上远远大于刚玉与硬度为 1 的滑石之间的绝对硬度差异的总和。使用摩氏硬度计的时候,如果一个未知矿物能够刻划正长石(H=6),但又能被石英(H=7)所刻动,这个未知矿物的摩氏硬度就介于 6 和 7 之间,近似记为 6.5。

第六章 宝石的物理性质

图6-14 摩氏硬度计中的标准矿物

2. 硬度差异

对某种宝石矿物来说,其硬度是基本固定不变的,可作为鉴定宝石的依据。但需要指出的是,某些矿物晶体的硬度具一定的方向性差异,即在不同结晶方向上其硬度有不同程度的变化,这种差异硬度是宝石晶体结构中原子键合面和键合方向的规则排列所致。如翡翠的差异硬度导致橘皮效应。金刚石,其平行于立方体(100)面对角线方向的硬度最大,平行于菱形十二面体(110)面对角线的方向硬度最低。金刚石粉末的方向是随机的,可能含有大量硬度较高方向的尖粒。因此,金刚石抛光粉可以抛磨钻石戒面。又如蓝晶石沿晶体柱面延长方向上的摩氏硬度为4.5～5,而在垂直延长方向上为6.5～7。但是,硬度作为宝石矿物的固有性质,其各个方向尽管存在着硬度差异,但这种差异是服从晶体本身的对称性的,如钻石所有八面体方向的硬度特征都是相同的,立方体方向的硬度特征也是相同的。

3. 硬度的宝石学意义

空气中灰尘的主要成分是石英,其硬度为7。所以摩氏硬度大于7的宝石才耐磨。反之,硬度小于7的宝石抛光面,由于经常受到空气中灰尘的撞击磨蚀,表面会变"毛"而失去其原有光泽,这是一些年久的镶宝首饰的肉眼鉴定特征之一。所以摩氏硬度计可帮助鉴定宝石、确定宝石的档次。但需要注意的是硬度测试为损伤性测试,一般不用于琢磨好的宝石。

宝石硬度为宝石加工提供了重要的基础。不同硬度的宝石选择不同的研磨和抛光材料,特别是差异硬度的存在,为钻石的琢磨提供了可能性。其硬度在平行八面体方向上大于立方体和菱形十二面体,所以钻石的切割或研磨通常沿平行于立方体和菱形十二面体的方向进行。

二、解理

1. 定义

结晶物质在外力作用下,倾向于沿某些特殊的方向破裂形成平坦断面的性质,称为解理(cleavage)。这些光滑平坦的断面称为解理面(cleavage plane),解理面平行于原子面网之间联结力量弱的方向。

按解理产生的难易程度将解理划分为五个等级,详见表6-7。

表6-7 解理的等级划分

解理分级	解理特点	解理面特点	实例
极完全解理	极易沿解理面分成薄片,解理面平整光滑	宝石中没有此项解理	非宝石:云母、石墨
完全解理	很易裂成平面或小块,断口难出现	光滑平整闪光的平面可呈台阶状	钻石、托帕石、萤石、方解石
中等解理	可以裂成平面,断口较易出现	较平整闪光的平面	金绿宝石、正长石(柱石)
不完全解理	不易裂成平面,出现许多断口	不平整、不连续,带有油脂感	橄榄石、锆石、磷灰石
极不完全解理	极少沿解理面分裂,肉眼一般看不到	无解理面,断口常不平整	石英、碧玺、尖晶石

一个矿物可有一种级别的解理,也可有两种级别的解理;可有一组解理,也可有多组解理。解理面上通常因为干涉而呈现珍珠光泽。

2. 解理的宝石学意义

(1)主要是针对某些解理较发育的宝石具有鉴定意义。例如,天然钻石腰部才会有白色的"胡须",这是快速打磨腰棱时产生的初试解理,有助于区别一些无解理的仿钻;月光石内典型的蜈蚣状包体为两组初始解理;翡翠的翠性,俗称"苍蝇翅",是硬玉矿物解理面的闪光造成的。

(2)在宝石的加工中,可以利用解理面劈开宝石或去掉原石中质量较次的部分。例如钻石具有八面体完全解理,加工师傅可借此将钻石劈开。

小　故　事

　　库里南钻石是目前世界上已知最大的钻石,英文名称 Cullinan,1905 年 1 月 25 日发现于南非(阿扎尼亚)的普列米尔矿山。重达 3 024.75ct(1ct＝0.2g),体积约为 5cm×6.5cm×10cm,相当于一个成年男子的拳头,带有淡蓝色调,纯净透明,品质极佳。同年 4 月,正值英国国王爱德华七世刚刚同意南非政府制订自己的宪法,库里南被南非政府作为 66 岁生日礼物献给爱德华七世,以表谢意。

　　1907 年底,英国王室委托当时荷兰阿姆斯特丹极具盛名的约·阿斯查尔公司全权主理库里南坯钻的切割计划,加工费 8 万英镑。在正式切割前,设计师对它的晶体结构进行了长达 6 个月的观察。由于原石太大,须事先按计划劈成若干小块。劈开它是一件极其困难的工作,因为如果研究不够或技术欠佳,这块巨大的无价之宝就会被打碎成一堆没有任何价值的小碎片。劈开工作由著名工匠约·阿斯查尔进行,经过周密的设计,按它的大小和形状造了一个玻璃模型,并设计了一套工具。他先用这些工具对玻璃模型进行试验,结果模型按照预想的要求被劈开。经过几天休息之后,1908 年 2 月 10 日,他和助手来到专门的工作室中,将库里南放在一个大钳子里紧紧钳住,然后将一根特制的钢楔放在它上面预先磨出的槽中。约·阿斯查尔用一根沉重的棍子敲击钢楔,"啪"的一声,库里南纹丝不动,钢楔却断了。阿斯查尔脸上淌着冷汗,在那紧张得像要爆炸的气氛中,他放上了第二根钢楔,再使劲地敲击一下,这一次,库里南完全按照预定计划裂为两半,而阿斯查尔却昏倒在了地板上。

　　库里南被劈开后,由 3 个熟练的工匠,每天工作 14 小时,琢磨了 8 个月。一共磨成了 9 粒大钻石和 96 粒小钻石。这 105 粒钻石总质量 1 063.65ct,为库里南原质量的 34.25%。由此可见,钻石在加工过程中损耗有多大。九大钻石中最大的一粒名叫"非洲之星Ⅰ",也就是"库里南Ⅰ",重 530.2ct,呈水滴形,也是至今世界上最大的钻石,镶在英国国王的权杖上。次大的一粒叫作"非洲之星Ⅱ",重 317.4ct,垫型,磨有 64 个面,是世界上第二大的钻石,现镶在英帝国王冠下方的正中间。

　　(3)在宝石切磨时,平行解理面不能抛光,至少要使刻面与解理面保持 5°以上的夹角,否则会产生粗糙不平的抛光面;解理发育的宝石在加工过程中用力要适度。例如托帕石有平行于底面的完全解理,那么切磨时应使刻面与底面保持 5°以上的夹角。

　　(4)尽管一些宝石的硬度很大,但由于解理发育,在受到外力作用时,极容易破裂,应避免碰撞和刻划。例如钻石"不怕磨,但怕打击",很容易沿八面体解理方向破碎。

三、裂理

晶体在受到外力作用下,沿双晶结合面或包体出溶面破裂或裂开形成平坦的断面,称为裂理(parting)。裂开的平面称之为裂理面(parting plane),裂理面平坦,但缺少珍珠光泽。红蓝宝石中常因聚片双晶发育而产生底面或菱面体裂理,如图 6-15 所示。

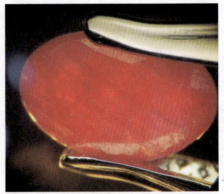

图 6-15 红宝石中由聚片双晶而形成的裂理

四、断口

断口是指宝石在外力作用下破裂形成的随机的无方向性的破裂面。根据断裂面的特征,断口可划分为贝壳状断口、锯齿状断口、平坦状断口、参差状断口、阶梯状断口等。例如玻璃破裂时,具有弯曲凹面或凸面,形态似贝壳描述为贝壳状断口。这种断口发育在非晶质材料及解理不发育或极不发育的晶质材料中,如天然玻璃、石英、绿柱石等。锯齿状断口通常发育在韧性纤维状结构的宝石,如软玉中。

非晶质宝石的断口相当典型,如玻璃的贝壳状断口具有鉴定意义。绿松石及其玻璃仿制品都具有贝壳状断口,但前者呈暗淡光泽,后者为玻璃—油脂光泽。玻璃常用来仿玉髓,但玉髓断口为蜡状光泽。

断口和解理是互为消长的,解理越发育,断口越不发育,反之亦然。解理是晶质材料的方向性破裂特征,断口则在大多数宝石中都会出现。表 6-8 中将解理、裂理、断口进行了详细的对比。

晶面和解理面、裂理面有时容易混淆,其识别的方法如下。

表 6-8 解理、裂理、断口对比

名称	解理	裂理	断口
定义	宝石晶体在外力作用下,沿一定的结晶学方向裂开成光滑平面的性质	晶体受力后沿一定结晶学方向裂开的性质	宝石受外力作用随机产生的无方向性不规则的破裂面
方向	解理面平行于晶面	沿聚片双晶结合面或内部包体出溶面发生	随机的无方向性的破裂面
决定因素	由晶体结构决定	与双晶结合面或包体聚集面有关	任何材料都有断口
类型	有底面、柱面、菱面体和八面体四种取向	底面或菱面体裂理	贝壳状断口、锯齿状断口、平坦状断口、参差状断口、阶梯状断口
特征	解理面平行于其晶体结构弱面,解理面上有珍珠光泽	裂理面平坦,缺少珍珠光泽。可不服从宝石本身对称性	非晶质宝石的断口相当典型,如玻璃的贝壳状断口特征具鉴定意义
存在	存在于某宝石种的每个个体,属于普遍现象	存在于某些宝石种中的某些个体,属于个别现象	存在于任何材料中
关系	与断口互为消长,解理越发育,断口越不发育	不是固有性质,只有晶体中存在双晶结合面或包体出溶面时才可能存在	与解理互为消长,断口越发育,解理越不发育

(1)解理面上无晶面条纹,且新鲜光亮;而晶面上有时可见晶面条纹,且暗淡。
(2)矿物晶体打碎后,在平行解理面方向上可连续出现解理面;而在平行晶面方向上不一定出现与之平行的晶面。
解理面、晶面和裂理面对比详见表 6-9。

五、韧性与脆性

韧性又称打击硬度,指宝石抵抗破碎的能力。很难破碎的性质称为韧性,易破碎的性质称为脆性。

值得一提的是金刚石是世界上最硬的物质,但韧性不够。锆石硬度为 6.5～7.5,就是因为脆性很大,所以容易产生特有的"纸蚀现象"。如图 6-16 所示,锆石具有明显的脆性,棱线处很容易磨损,甚至较硬的包装纸也会使它产生严重破损。软玉硬度虽低,但其有强的韧性,能经受钢锤冲击。多晶集合体材料的韧性通常比较好,例如软玉、硬玉特别适用于雕琢各种新颖别致的玉器工艺品。

表 6-9 解理面、晶面和裂理面对比

解理面	晶面	裂理面
宝石晶体上平整的面	宝石晶体上平整的面	宝石晶体上平整的面
解理面上无晶面条纹,且新鲜光亮	晶面上有时可见晶面条纹,且暗淡	沿双晶结合面发生,包裹体沿某些晶体结构面出溶结晶,或是聚片双晶的结合面
矿物晶体打碎后,在平行解理面方向上可连续出现解理面	平行晶面方向上不一定出现与之平行的晶面	不是宝石的固有属性
托帕石沿底面易形成完全解理	钻石的八面体面	部分刚玉沿菱面体方向发育裂理面,平行底面方向产生裂理

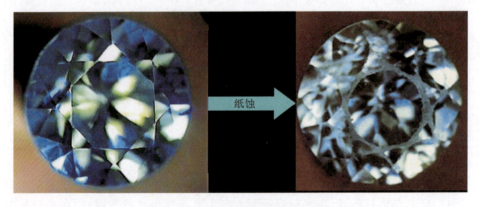

图 6-16 锆石中特有的"纸蚀现象"

六、相对密度

相对密度(specific gravity)是指在 4℃温度及标准大气压的条件下,材料的质量与等体积水的质量之间的比率,用 SG 表示。测定宝石相对密度值的方法有静水称重法和重液法。

1. 静水称重法精确测宝石相对密度

(1)阿基米德定律:当物品完全浸入液体中时,所受到的浮力相当于所排开液体的质量,如图 6-17 所示。

第六章 宝石的物理性质

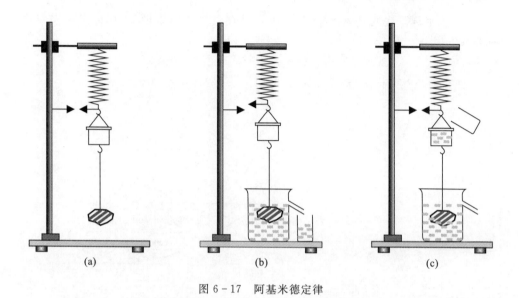

图 6-17 阿基米德定律

小 故 事

　　相传叙拉古赫农王让工匠替他做了一顶纯金的王冠。在做好后,国王疑心工匠做的冠并非纯金,但这顶金冠确实与当初交给金匠的纯金一样重。工匠到底有没有私吞黄金呢?既想检验真假,又不能破坏王冠,这个问题不仅难倒了国王,也使诸大臣们面面相觑。经一大臣建议,国王请来阿基米德检验。最初,阿基米德也是冥思苦想而无计可施。一天,他在家洗澡,当他坐进澡盆里时,看到水往外溢,同时感到身体被轻轻托起。他突然悟到可以用测定固体在水中排水量的办法,来确定王冠的相对密度。他兴奋地跳出澡盆,连衣服都顾不得穿上就跑了出去,大声喊着"尤里卡!尤里卡!"(Eureka,意思是"我知道了")。

　　他经过了进一步的实验以后,便来到了王宫,把王冠和同等质量的纯金放在盛满水的两个盆里,比较两盆溢出来的水,发现放王冠的盆里溢出来的水比另一盆多。这就说明王冠的体积比相同质量的纯金的体积大,密度不相同,所以证明了王冠里掺进了其他金属。

　　这次试验的意义远远大过查出金匠欺骗国王,阿基米德从中发现了浮力定律(阿基米德原理):物体在液体中所获得的浮力,等于他所排开液体的质量。一直到现代,人们还在利用这个原理计算物体相对密度和测定船舶载质量等。

(2)静水称重法的具体操作:先称出宝石在空气中的质量 A,再称出在水中的质量 W。

$$SG=A/(A-W)$$

如图 6-18 所示:红宝石 SG=1.6/(1.6-1.2)=4。

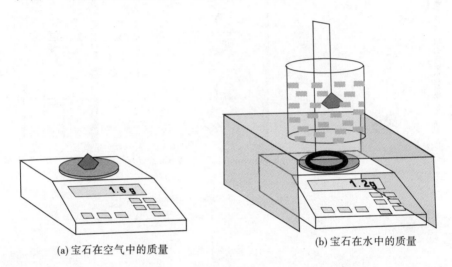

(a)宝石在空气中的质量　　(b)宝石在水中的质量

图 6-18　静水称重法测宝石相对密度

(3)静水称重法的优缺点和注意事项。①优点:能快速准确地测定宝石相对密度,无复杂的计算,无毒、无害、无污染且经济便捷。②缺点:不能精确测定较小的宝石(小于 0.5ct),多孔的宝石不适宜(尽量减少在水中测试的时间)。③注意事项:应多测几次,保证样品干净、无油污,在水中加入少许洗涤剂以消除表面张力,同时使用小刷子刷去气泡。

2. 重液法

重液法指测定宝石的近似相对密度值,这种方法快速而方便地区分外观非常相似的宝石材料。

重液(主要为二碘甲烷和三溴甲烷),见表 6-10。

测定步骤如下。

(1)将宝石擦拭干净,用镊子夹住宝石放入重液中,轻轻松开,马上观测宝石的行为,取出擦干再测。

(2)在重液中漂浮,说明宝石 SG<重液 SG。

(3)在重液中悬浮,说明宝石 SG=重液 SG。

(4)在重液中下沉,说明宝石 SG>重液 SG。

表 6-10 重液

重液名称	SG	指示矿物
三溴甲烷(稀)	2.65	水晶
三溴甲烷	2.89	绿柱石
二碘甲烷(稀)	3.05	粉红色碧玺
二碘甲烷	3.32	翡翠

这种方法的优点是能够近似地测定较小宝石的相对密度。缺点就是其中一些重液属于危险品,而且挥发性极强,应在通风设备好的实验室中完成。

第三节 宝石的热学、电学性质

一、热电效应

物理学中的热电效应,是指受热物体中的电子随着温度梯度由高温区向低温区移动时,产生电流或电荷堆积的一种现象。温度梯度的变化可使某些宝石晶体产生热电效应。如电气石晶体具有明显的热电效应,在受热或冷却时,沿电气石晶体两端产生数量相等、符号相反的电荷,同时具有静电吸尘现象。这可能是由于受到差异温度作用时,晶体产生膨胀或收缩、晶格中被热激发出电荷发生运移所致,如电气石。

二、静电效应

静电并不是静止不动的电,而是在空间缓慢移动的电荷,或者说是一种相对稳定状态的电荷。其磁场效应比起电场的作用可以忽略不计。由于这种电荷和电场的存在而产生的一切现象称为静电现象。一般照明用电是由电磁感应原理产生的,而静电大部分是因接触、摩擦、分离而起电的。某些有机化合物,如琥珀、塑料等,当受到皮毛的反复摩擦时,各自产生数量相同、极性相反的电荷,可吸附起较轻的小纸片、羽毛和塑料薄膜等。

三、压电效应

当某些宝石材料受到外界压力时,两面会产生电荷,电荷量与压力成正比,这种现象称为压电效应。宝石材料在机械力作用下产生变形,会引起表面带电的现象,而且其表面电荷密度与压力成正比,这称为正压电效应。反之,在某些材料上施加电场,材料会产生机械变形,而且其应变与电场强度成正比,这称为逆压电效应。如果施加的是交变电场,材料将随着交变电场的频率做伸缩振动。施加的电场强度越强,振动的幅度越大。正压电效应和逆压电效应统称为压电效应。压电效应多属一种机械能与电能之间的能量转换现象。

净度较高的石英单晶受到压力作用时会产生电荷;相反,当受到电压作用时,又会产生频率很高的振动。压力不同,产生电荷的多少也不一样;反之,电压不同,振动频率也不同。天然单晶水晶和合成单晶水晶均具有良好的压电性能,因而被广泛应用于无线电和遥控器上。

四、导热性

物体能传导热量的性质叫导热性。这是因大量分子、原子、离子或自由电子相互撞击,使热量由温度较高一端传递到温度较低一端的缘故。往往导电性强的物体,导热性也强,不导热的物体称为热绝缘体。

不同宝石传导热的性能差异甚大,所以导热性可作为宝石的鉴定特征之一。导热性能以热导率(λ)表示,单位为 $W/(m \cdot K)$。热导率须在特定实验环境用特定仪器测定。宝石学一般以相对热导率表示宝石的相对导热性能。相对热导率的确定常以银或尖晶石的热导率为基数。钻石的热导率比其他宝石高出数十倍至数千倍,当尖晶石的热导率为 1 时,钻石的相对热导率是 $56.9 \sim 170.8$,金的相对热导率是 44,银的相对热导率是 31,而刚玉的相对热导率是 2.96,其他多数非金属宝石的相对热导率多小于 1。因此,使用热导仪能迅速鉴别钻石(除新型材料碳化硅以外)。

五、导电性

矿物对电流的传导能力称为导电性。矿物的导电性能很早便受到研究和重视。不同种类的宝石矿物,其导电性能不同。与金属矿物相比,许多非金属矿物的导电性微弱。宝石矿物中的赤铁矿、针铁矿和合成金红石是较好的导电体。钻石是电的不良导体,但 II_b 型浅蓝色钻石晶格中,微量的硼原子取代碳原子,使局部电位失衡,便产生了自由电子,从而造成该型钻石具有微弱的导电性能,属半导体。但受辐射作用而改色的淡蓝色钻石,其不良的导电性能并未改变,所以可用导电性能的差别来鉴别天然蓝色钻石和辐射致色的蓝色钻石。

矿物物理学家对矿物的热学、电学性质早有深入的研究,但其在宝石学中的应用仍相当局限。随着宝石测试技术的进步,应用热学、电学性质鉴别天然宝石、处理宝石(尤其是充填和镀膜处理过的宝石)、合成宝石和人造宝石等具有广阔的前景。

习 题

一、名词解释
1. 光泽
2. 透明度
3. 亮度
4. 火彩
5. 单折射宝石
6. 双折射宝石
7. 多色性
8. 荧光
9. 硬度
10. 解理

二、判断题
1. 金刚光泽宝石的折射率都比玻璃光泽宝石的折射率高。 （ ）
2. 宝石的折射率越高，光泽也越强。 （ ）
3. 一种致色离子在宝石中只能产生一种颜色。 （ ）
4. 各种具有变色效应的宝石都是由 Cr 致色的。 （ ）
5. 纯净的刚玉是无色透明的，由于含有 Cr 而呈红色。 （ ）
6. 紫晶呈紫色的原因是含锰离子。 （ ）
7. 钙铝榴石的绿色是因含三价铁离子 Fe^{3+}。 （ ）
8. 等轴晶系的宝石属于单折射宝石。 （ ）
9. 双折射率大的宝石多色性也较强。 （ ）
10. 双折射率大的宝石色散一定高。 （ ）
11. 双折射宝石通常都有两个光轴。 （ ）
12. 某非均质体宝石，其折射率最大值和最小值之和是该宝石的双折射率。 （ ）
13. 非均质有色宝石一定能见到多色性。 （ ）
14. 单晶宝石的各种物理性质都是因方向而异的。 （ ）
15. 双折射宝石包括中级晶族和低级晶族的宝石。 （ ）

16. 具有明显二色性的宝石一定是一轴晶宝石。 （ ）
17. 具有明显二色性的宝石一定是双折射宝石。 （ ）
18. 具有多色性的宝石一定是非均质体，所以非均质宝石一定有二色性。
　　　　　　　　　　　　　　　　　　　　　　　　　　　（ ）
19. 具有二色性的宝石从任一方向上都可能见到二色性。（ ）
20. 一种宝石有荧光性，则只要是这种宝石就肯定都有荧光。（ ）
21. 具月光效应的长石都是钾长石。 （ ）
22. 具有猫眼效应的宝石都可以称为猫眼石。 （ ）
23. 海蓝宝石与蓝宝石都是刚玉的变种。 （ ）
24. 具有变色效应的宝石都称变石。 （ ）
25. 砂金效应只见于长石质宝石。 （ ）
26. 宝石在受外力作用后，沿一定的结晶方向裂开成平面的性质必定是
　　解理。 （ ）
27. 组成翡翠的硬玉矿物具有两组完全解理，因此翡翠可见微小的解
　　理且闪光，称为"翠性"。 （ ）
28. 碧玺因受热产生电荷，吸附纸屑、尘埃，故矿物学中被命名为电气石。
　　　　　　　　　　　　　　　　　　　　　　　　　　　（ ）

三、选择题

1. 宝石的颜色是指（　　）。
　A. 白光下选择性吸收后见到的单色光
　B. 400～700nm 连续波长光下选择性吸收后见到的混合光色
　C. 400～700μm 连续光波下选择性吸收后见到混合光色
　D. 以上都不是
2. 宝石光泽由强到弱的顺序为（　　）。
　A. 玻璃光泽、半金属光泽、金刚光泽　　B. 金刚光泽、半金属光泽、玻璃光泽
　C. 半金属光泽、金刚光泽、玻璃光泽　　D. 金刚光泽、玻璃光泽、半金属光泽
3. 珍珠具有柔和而又带彩色的珍珠彩光是由于（　　）。
　A. 光的折射　　B. 光的散射　　C. 光的干涉　　D. 光的衍射
4. 有多色性的宝石可能是（　　）。
　A. 等轴晶系　　B. 六方晶系　　C. 单斜晶系　　D. 高级晶族
5. 宝石有无二色性取决于（　　）。
　A. 化学成分　　B. 晶体结构　　C. 生成环境　　D. 几何外形
6. 当从某种宝石中观察到三色性时，可以帮助确定该宝石为（　　）。
　A. 一轴晶　　B. 非晶质　　C. 二轴晶　　D. 均质体

7. 宝石中所见的由于干涉产生的颜色通常称为( )。
   A. 晕彩　　　　B. 多色性　　　　C. 体色　　　　D. 残余色
8. 摩氏硬度计中硬度为6的标准矿物是( )。
   A. 正长石　　　B. 斜长石　　　　C. 石英　　　　D. 刚玉
9. 导致六射星光的、宝石中平行排列的针状体或管状体有( )。
   A. 二组　　　　B. 三组　　　　　C. 四组　　　　D. 六组
10. 具有月光效应的宝石是因为内部细微包体对光的( )。
    A. 折射　　　　B. 反射　　　　　C. 衍射及干涉　　D. 漫反射
11. 作为贵重宝石,耐久性好的宝石要求硬度在( )。
    A. 7以上　　　B. 8以上　　　　C. 9以上　　　　D. 7.5以上
12. 下列宝石中哪种宝石韧度最大?( )
    A. 翡翠　　　　B. 东陵石　　　　C. 软玉　　　　D. 水钙铝榴石
13. 锆石的"纸蚀现象"是因为什么物理性质而产生?( )
    A. 硬度　　　　B. 韧性　　　　　C. 折射率　　　　D. 解理
14. 属于完全解理的宝石有( )。
    A. 钻石、石榴石、萤石、方解石　　　　B. 钻石、托帕石、石榴石、萤石
    C. 钻石、托帕石、萤石、方解石　　　　D. 钻石、红宝石、水晶、方解石
15. 红宝石内通常可以看到( )。
    A. 解理　　　　B. 裂开　　　　　C. 晶面　　　　D. 断口
16. 托帕石中一组完全解理是平行于( )。
    A. 斜方柱　　　B. 平行双面　　　C. 斜方双锥　　　D. 四方柱
17. 一包无色圆珠不慎落地,打开一看有一颗出现一条平整裂隙,它可能是( )。
    A. 玻璃　　　　B. 合成水晶　　　C. 合成刚玉　　　D. 托帕石
18. 以下常见宝石和材料中相对热导率最大的是( )。
    A. 铜　　　　　B. 刚玉　　　　　C. 银　　　　　D. 钻石

四、问答题

1. 请详细对比猫眼效应、星光效应与砂金效应的异同点。
2. 请详细对比晕彩效应、变彩效应与变色效应的异同点。
3. 简述宝石多色性的作用。
4. 简述解理、裂理、断口的异同。

第七章　宝石的分类及命名

❖ 你知道"水钻"吗？你是否认为它是一种纯净如水的钻石？

❖ "苏联钻"是产自于苏联的钻石吗？

❖ 为什么市场上的玉手镯,有的几十块钱,而有的却几十万呢？

第七章　宝石的分类及命名

第一节　宝石的分类

　　人们根据宝石的应用领域、商业价值、质量的等级悬殊、矿物单晶体、矿物集合体以及地质结构特征曾对宝石进行过各种分类。为了规范市场，1996年11月我国开始制定珠宝玉石国家标准，并于1997年5月1日开始执行。通过几年的运作，2002年11月进行二次修改，2010年再次修改完善，于2011年2月1日正式实施。

　　建立和制定《珠宝玉石名称》(GB/T16552—2010)标准的目的是为了按照国际的先进标准规范我国的珠宝市场，提高生产、经营者的水平和信誉，保护消费者的权益，使珠宝行业走向健康发展的轨道，同时与国际接轨，使我国珠宝行业适应国际发展潮流。制定《珠宝玉石名称》的目的是为了将珠宝行业中各类名称统一起来，做到有据可查。

　　《珠宝玉石名称》国标中规定了珠宝玉石的类别、定义、定名原则及优化处理珠宝玉石的定名方法，并在附录中详列常见珠宝玉石的基本名称与优化处理方法。

一、天然珠宝玉石(natural gem)

　　天然珠宝玉石是由自然界产出，具有美观、耐久、稀少性的特点以及工艺价值，可加工成装饰品的物质。按照组成和成因不同可分为：天然(单晶)宝石、天然玉石和天然有机宝石。

1. 天然宝石(natural gemstone)

　　天然宝石是指由自然界产出，具有美观、耐久、稀少性，可加工成饰品的矿物单晶体(可含双晶)。

　　(1)高档宝石：硬度 $H>7$，例如钻石、红宝石、蓝宝石、祖母绿、金绿宝石等。

　　(2)中低档宝石：例如碧玺、石榴石、尖晶石、水晶等。

　　(3)稀少宝石：也叫收藏宝石，例如塔菲石、蓝锥矿、矽线石等。

2. 天然玉石(natural jade)

　　天然玉石是指由自然界产出的，具有美丽、耐久、稀少性和工艺价值的矿物集合体，少数为非晶体材料。根据玉石材料和硬度、自然界产出量的多少以及工艺特点，将玉石分为高档、中低档和雕刻石等几大类。

　　(1)高档玉石：$H=6.5\sim7$，例如翡翠、软玉。

　　(2)中低档玉石：$H=4\sim6$，例如玛瑙、岫玉、青金岩、天然玻璃等。

(3)雕刻石：H＝2～4，例如图章石、砚石、装饰石等。

3. 天然有机宝石(natural organic gemstone)

天然有机宝石是指由自然界生物生成，部分或全部由有机物质组成，可用于首饰及装饰品的材料，如珊瑚、象牙、玳瑁等。人工养殖珍珠(简称"珍珠")，由于其养殖过程的仿自然性及产品的仿真性，也归于此类。

二、人工宝石(artificial products)

完全或部分由人工生产或制造用作首饰及装饰品的材料统称为人工宝石，包括合成宝石、人造宝石、拼合宝石和再造宝石。

1. 合成宝石(synthetic stone)

合成宝石是完全或部分由人工制造且自然界有已知对应物的晶质体、非晶质体或集合体，其物理性质、化学成分和晶体结构与所对应的天然珠宝玉石基本相同。如合成红宝石、合成祖母绿（图7-1）、合成钻石等。

合成宝石必须具备以下三个条件。

(1)它应当是人工参与生产的无机产物。有机材料在外观上可能被模仿，但其生长过程是不能复制的。

(2)它必须有对应的天然宝石。

(3)它的物理性质、化学成分和晶体结构与相对应的天然宝石相同或几乎完全相同。但合成尖晶石却有微小的差异。

图7-1　合成红宝石与合成祖母绿

2. 人造宝石(artificial stone)

人造宝石是由人工制造且自然界无已知对应物的晶质体、非晶质体或集合体，如 YAG(钇铝石榴石)。

3. 拼合宝石(composite stone)

拼合宝石是由两块或两块以上材料经人工拼合而成，且给人以整体印象的珠宝玉石，如拼合欧泊。

4. 再造宝石(reconstructed stone)

再造宝石是通过人工手段将天然珠宝玉石的碎块或碎屑熔接或压结成具整体外观的珠宝玉石，如再造琥珀、再造珍珠等。

三、小结

宝石的分类见表 7-1。

表 7-1 宝石的分类

分类		定义	典型宝石
宝石（广义）	宝石（狭义）仅指天然宝石	天然单晶宝石：有时也简称为"宝石"，主要为单晶矿物	钻石、红宝石、蓝宝石、祖母绿、金绿宝石、水晶
		天然玉石：主要为矿物集合体，又称集合体宝石。非晶质宝石也包括在此列	翡翠、软玉、岫玉玻璃、欧泊
		有机宝石：主要指与生命体有关的宝石，属动植物的产物	珍珠、象牙、琥珀
	人工宝石	合成宝石：有天然对应物的宝石	合成红宝石、合成钻石、合成祖母绿
		人造宝石：无天然对应物	YAG（人造钇铝榴石）、GGG（人造钆镓榴石）
		拼合宝石：两块以上的材料组合在一起	拼合欧泊
		再造宝石：碎块在高温高压下黏结而成	再造琥珀、再造珍珠

第二节 宝石的命名原则

大多数天然宝石都是矿物或者岩石,所以宝石名称统一使用矿物或岩石名称则不会出现混淆,国际宝石矿物协会力求用矿物名称来统一。但多数从事宝石行业的人员,对于矿物和岩石名称陌生,同时某些工艺名称、商业名称也反映了宝石的特点,易被人们接受并长期使用。例如以工艺名称碧玺命名的电气石、以产地命名的蓝色黝帘石等。

以下根据2010版最新国标规范,摘取相关重要内容描述宝石的命名原则。

一、天然珠宝玉石

1. 天然宝石

(1)直接使用天然宝石基本名称或其矿物名称,无需加"天然"二字,如"金绿宝石""红宝石"等。

(2)产地不参与定名,如"南非钻石""缅甸红宝石"等。

(3)禁止使用两种天然宝石名称组合而成的名称,如"红宝石尖晶石""变石蓝宝石"等,"变石猫眼"除外。

(4)禁止使用含混不清的商业名称,如"蓝晶""绿宝石""半宝石"等。

2. 天然玉石

(1)直接使用天然玉石基本名称或其矿物(岩石)名称。在天然矿物或岩石名称后可附加"玉"字,无需加"天然"二字,如蛇纹岩玉、石英岩玉等。"天然玻璃"除外。

(2)不能用雕刻或外观形状定名,如玉观音、玉扣、血丝玉。

(3)除保留部分传统名称外,产地不参与定名,如岫玉、独山玉可保留,马来西亚玉则废除。

(4)不能单独使用"玉"或"玉石"直接代替天然玉石名称。

3. 天然有机宝石

(1)直接使用天然有机宝石基本名称,无需加"天然"二字,"天然珍珠""天然海水珍珠""天然淡水珍珠"除外。

(2)养殖珍珠可简称为"珍珠",海水养殖珍珠可简称为"海水珍珠",淡水养殖珍珠可简称为"淡水珍珠"。

(3)不以产地修饰天然有机宝石名称,如"波罗的海琥珀""台湾海峡珊瑚"。

(4)不以形状修饰天然有机宝石名称,如"树枝状珊瑚"。

二、人工宝石

1. 合成宝石

(1)必须在其所对应的天然珠宝玉石名称前加"合成"二字,如合成红宝石、合成祖母绿等。

(2)禁止使用生产厂或制造商的名称直接定名,如"查塔姆祖母绿""林德祖母绿"等。

(3)禁止使用易混淆的名词定名,如"鲁宾石"(中国珠宝市场上习惯将合成红宝石称为鲁宾石,这是根据红宝石的英文名 ruby 直译而来的)、"红刚玉""合成品"等。

2. 人造宝石

(1)必须在材料名称前加"人造"二字,如"人造钇铝榴石"(缩写为 YAG)、"人造钆镓榴石"(缩写为 GGG)。玻璃、塑料除外。

(2)禁止使用生产厂、制造商名称直接定名。

(3)禁止使用易混淆或含糊不清的名词定名,如"奥地利钻"(实为高折射率的铅玻璃制品)、"苏联钻"(实为合成立方氧化锆,缩写为 CZ)等。

(4)不允许用生产方法参与定名,如"晶体提拉法钇铝榴石"。

3. 拼合宝石

(1)逐层写出组成材料名称,在组成材料名称之后加"拼合石"三个字,如"蓝宝石、合成蓝宝石拼合石";或以顶层材料名称加"拼合石"三个字,如"蓝宝石拼合石"。

(2)由同种材料组成的拼合石,在组成材料名称之后加"拼合石"三个字。如"锆石拼合石""绿柱石拼合石"。

(3)对于分别用天然珍珠、珍珠、欧泊或合成欧泊为主要材料组成的拼合石,分别用拼合天然珍珠、拼合珍珠、拼合欧泊或拼合合成欧泊的名称即可,不必逐层写出材料名称。

4. 再造宝石

在所组成天然珠宝玉石名称前加"再造"二字,如再造琥珀、再造绿松石等。

三、具特殊光学效应珠宝玉石的命名规则

1. 猫眼效应

可在珠宝玉石基本名称后加"猫眼",如红柱石猫眼、磷灰石猫眼、海蓝宝石猫

眼等。只有"金绿宝石猫眼"可直接称为"猫眼"。

2. 星光效应

可在珠宝玉石基本名称前加"星光"二字。如"星光红宝石""星光透辉石";具有星光效应的合成宝石定名方法是,在所对应天然珠宝玉石基本名称前加"合成星光"四个字,如"合成星光红宝石"。

3. 变色效应

可在珠宝玉石基本名称前加"变色"二字,如"变色石榴石"。具变色效应的合成宝石定名方法,是在所对应天然珠宝玉石名称前加"合成变色"四个字,如"合成变色蓝宝石"。只有变色金绿宝石才能直接命名为"变石"。

4. 其他特殊光学效应

除猫眼效应、星光效应和变色效应外,在珠宝玉石中所出现的其他特殊光学效应(如砂金效应、晕彩效应、变彩效应等)定名规则为:特殊光学效应的珠宝玉石不参加定名,可以在备注中附注说明。

四、优化处理珠宝玉石的命名规则

除切磨和抛光以外,用于改善珠宝玉石的外观(颜色、净度或特殊光学效应)、耐久性或可用性的所有方法分为优化和处理两类。

1. 优化(enhancement)

优化指传统的被人们广泛接受的使珠宝玉石潜在的美显示出来的优化处理方法,包括热处理、漂白、浸蜡、浸无色油等。

定名规则:①直接使用珠宝玉石名称;②鉴定证书中可不附注说明。

2. 处理(treatment)

处理指非传统的尚不被人们接受的优化处理方法,包括浸有色油、充填处理、浸蜡、染色处理、辐照处理、激光打孔、覆膜处理、表面扩散处理、高温高压处理等。

定名规则如下。

(1)在所对应珠宝玉石名称后加括号注明"处理"二字或注明处理方法,如蓝宝石(处理)、蓝宝石(扩散);也可在所对应珠宝玉石名称前描述具体处理方法,如"扩散蓝宝石"。

(2)在珠宝玉石鉴定证书中必须描述具体处理方法。

(3)在目前一般鉴定技术条件下,如不能确定是否处理时,在宝石名称后可不加"处理"二字,但必须加以附加说明:描述为"未能确定是否经过×××处理"或"可能经过×××处理"。

(4)经处理的人工宝石可直接使用人工宝石基本名称定名。

习 题

一、判断题

1. 天然形成的玻璃必须冠以"天然"二字。　　　　　　　　　（　）
2. 任何染色宝玉石的鉴定证书上,按国标规定:必须在名称后加上(处理)。
　　　　　　　　　　　　　　　　　　　　　　　　　　（　）
3. 目前市场上标为"马来玉"或"马来西亚玉"的商品是产于马来西亚。（　）
4. 市场上标为"澳洲玉"的商品都是从澳大利亚进口的绿玉髓。　（　）
5. 染色玛瑙效果稳定,上市时无需标明为处理的。　　　　　　（　）

二、选择题

1. 立方氧化锆的代号是(　　)。
   A. YAG　　　　　　B. CZ　　　　　　C. GGG　　　　　　D. ST
2. 利用色心呈色原理,使无色托帕石改变为蓝色托帕石的优化处理方法是(　　)。
   A. 辐照热处理　　　B. 扩散热处理　　C. 染色　　　　　　D. 镀膜
3. 热处理后弧形色带已不清晰的蓝宝石,在鉴定证书名称一栏写为(　　)。
   A. 合成蓝宝石　　　　　　　　　　　B. 合成蓝宝石(处理)
   C. 热处理的合成蓝宝石　　　　　　　D. 蓝宝石(合成)
4. 判别扩散蓝宝石与蓝色蓝宝石时,要侧重观察(　　)。
   A. 生长线或固态包裹体有无变化　　　B. 对比棱、尖与面之间颜色的差异
   C. 棱线有无毛茬　　　　　　　　　　D. 晶面是否光滑
5. 在合法贸易中,下列哪种优化祖母绿无需声明?(　　)
   A. 注无色油的　　　B. 注有色油的　　C. 注塑料的　　　　D. 注玻璃的

第八章　宝石的内含物

❖在宝石的微观世界里，可以容纳整个自然的沧桑变化，让我们进入宝石的内部利用数百万年甚至于数亿年形成的各种内含物特征，帮助了解宝石形成的生命历史，了解宝石的形成过程，了解地球形成时所发生的故事。

第八章 宝石的内含物

第一节 概 述

天然宝石是在复杂的地质环境中形成的,外来杂质的混入,成矿溶液的浓度及温度、压力的变化都会对宝石的生长产生影响,同时在宝石的内部留下一定的痕迹,这就是我们常说的内含物(又称包体)。

宝石内含物不仅能帮助我们鉴定宝石品种、区分天然和合成宝石、判别宝石的优化处理,还有助于评价宝石的品质和了解宝石的成因甚至产地。

一、内含物的概念

内含物(inclusion)的概念来源于矿物学,在宝石学中予以沿用和扩展。

宝石内含物是指宝石在形成过程中,由于自身或外部因素所造成的,形成于宝石内部的所有特征。矿物包裹体则指矿物中的异相物,主要是指被包裹在寄主矿物中的成矿溶液、成矿熔融体和其他矿物,并与主矿物有相的界限的那一部分物质。

物理学的相(phase)是指系统中物理性质和化学性质完全均一的部分。

宝石内含物的概念有狭义和广义之分。狭义包体的概念是指宝石矿物生长过程中被包裹在晶格缺陷中的原始成矿熔浆,其至今仍存在于宝石矿物中,并与主体矿物有相的界限,即矿物包裹体的概念。广义包体的概念是指影响宝石矿物整体均一性的所有特征,即除狭义包体外,还包括宝石的结构特征和物理特性的差异,如带状结构、色带、双晶纹、断口和解理,以及与内部结构有关的表面特征等(图 8-1)。宝石学中多涵盖的是广义包体的概念。

二、研究宝石内含物的目的及意义

宝石内含物的研究在宝石学中具有重要意义,归纳起来有如下几点。

1. 鉴定宝石的品种

有些宝石中含有特定的内含物,例如翠榴石中的"马尾丝状"包体[图 8-2(a)]、尖晶石中的"八面体尖晶石"小晶体等[图 8-2(b)],都可以成为重要的鉴定依据。

2. 区分天然宝石、合成宝石及仿制宝石

天然宝石和合成宝石在各自的生长过程中都留下了生长的痕迹,这就成为了鉴别它们的有力证据,例如天然蓝宝石中的六边形角状色带,对应合成蓝宝石中的

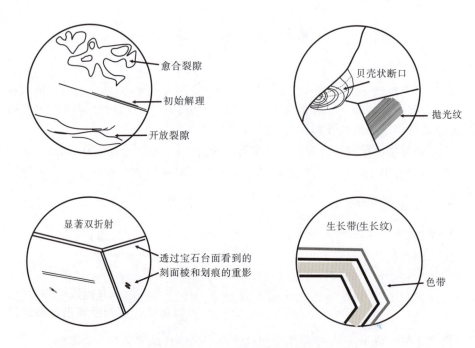

图 8-1　宝石的表面和内部特征

(a)翠榴石中的"马尾丝状"包体

(b)尖晶石中的"八面体尖晶石"小晶体

图 8-2　宝石中的特定内含物

弧形生长纹(图8-3)。

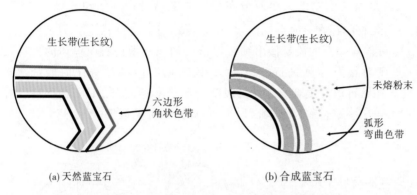

图8-3 天然蓝宝石与合成蓝宝石中的色带

3. 根据宝石的典型包体及包体组合确定宝石的产地

有时可以根据宝石中的特征包体来判断宝石的产地。但只有包体够典型时，判断才可靠。例如祖母绿中含典型三相包体时，可以帮助我们判断该祖母绿的产地是哥伦比亚。

4. 检测某些优化处理的宝石

如图8-4所示，宝石优化处理的方法有很多，每个宝石都可以通过几种方法来对其颜色、外观进行改善，改善的同时会造成新的内含物特征，给鉴定提供依据。

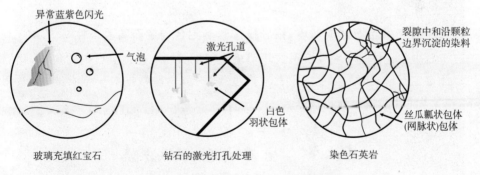

图8-4 优化处理的宝石内含物特征

5. 根据宝石中内含物的特点指导加工

某些宝石因为具有特征的包体，可以使宝石增值，如水胆玛瑙。若宝石中存在一组或多组平行排列的纤维状包体时，经过合理的加工，可使宝石产生猫眼效应或星光效应,也可提高宝石的经济价值。

6. 根据宝石内含物的大小及分布特征对宝石进行评估和分级

宝石内含物的存在有时会提高宝石的价值,有时会降低宝石的价值。根据包体的特征,可以对宝石的质量做出综合评价。例如根据钻石中包体的大小、位置、数量、可见度对钻石净度进行分级。LC代表钻石内部没有任何瑕疵,VVS_1—VVS_2代表在钻石内部很难发现任何瑕疵,VS_1—VS_2代表在钻石内部比较容易发现瑕疵,SI_1—SI_2很容易发现瑕疵,I_1、I_2、I_3即肉眼可见瑕疵(图8-5)。

专业技术人员在10倍放大镜下进行钻石净度分级

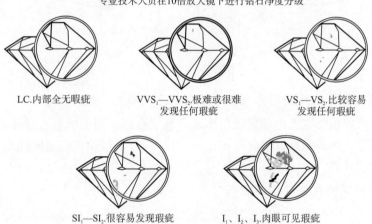

LC.内部全无瑕疵　　　　VVS_1—VVS_2.极难或很难　　　　VS_1—VS_2.比较容易
　　　　　　　　　　　　　发现任何瑕疵　　　　　　　　发现任何瑕疵

SI_1—SI_2.很容易发现瑕疵　　　　I_1、I_2、I_3.肉眼可见瑕疵

图8-5　钻石的净度分级

7. 了解天然宝石形成环境,指导找矿和确定合成宝石实验条件

宝石中的包体是研究宝石形成环境最直接的证据,通过宝石中的包体,我们可以测定宝石形成时的温度、压力、氧逸度等数据,这些数据对于宝石的找矿、勘探、开采及人工合成具有重要意义。

第二节　宝石内含物的分类

一、依据包体与宝石形成的相对时间进行分类

依据包体与宝石形成的相对时间,可将包体分为原生包体、同生包体和次生包体。

1. 原生包体

原生包体(primary inclusion)是指比宝石形成更早,在宝石晶体形成之前就已结晶或存在的一些物质,在宝石晶体形成过程中被包裹到宝石内部。原生包体都是固态的,通常为各种矿物,它可以与寄主矿物同种,也可以不同。如钻石中包裹的石榴石[图8-6(a)]、水晶中的黄铁矿晶体、祖母绿中包裹的阳起石等。

(a) 钻石中包裹的石榴石

(b) 水晶中的黄铁矿晶体

图8-6 原生包体

原生包体可以反映宝石矿床母岩的特征,可作为天然宝石的鉴定特征和产地特征,例如斯里兰卡蓝宝石中的白云母、缅甸抹谷蓝宝石中的方解石都是反映母岩特征的原生包体,具有产地鉴别意义。合成宝石中一般不存在原生包体,但对于有籽晶的合成方法,也可将种晶视为一种原生包体。

2. 同生包体

同生包体(syngenetic inclusion)是指与宝石同时形成,在跟宝石晶体同时生长的过程中被包裹到宝石中。它们的形成主要与晶体的差异性生长、晶体的不规则生长结构、晶体的生长间断、溶液过饱和度的变化、外来杂质的出现、体系温度或压力的突然变化等因素有关。此类包体可以是固态的,也可以是呈各种组合关系的固体、液体和气体,甚至空洞或裂隙等,还可以是导致分带性的化学组分变化所形成的色带、幻晶等。可进一步划分为同生固态包体、同生流体(气液)包体和同生非物质性包体。

1) 同生固态包体

在某些情况下,若包体矿物与宝石晶体沿结合面的原子结构相似,当宝石晶体停止生长时,包体矿物可聚集生长在宝石晶体的表面;晶体重新生长又会覆盖这些生长在表面的矿物，使之成为包体。例如水晶中呈针状的金红石晶体[图8-7(a)]、刚玉宝石中出溶的三组金红石针[图8-7(b)]、日光石中的赤铁矿亮片[图8-7(c)]等。

(a) 水晶中呈针状的金红石晶体　　(b) 红宝石中的三组金红石针状包体　　(c) 日光石中的赤铁矿亮片

图8-7　同生固态包体

2) 同生流体(气液)包体

宝石晶体在生长过程中可能破裂，成矿溶液进入其裂隙中分布，直到裂隙在适当部位愈合为止。以这种方式形成的愈合裂隙在富含水溶液环境条件下生成的宝石中是常见的。愈合裂隙可以呈扁平状或弯曲状，常说的"指纹状"包体[图8-8(a)]就属于此类。

有的宝石内部可含有管状的孔道或具有规则形状的孔洞。这是由于宝石晶体在生长的过程中生长阻断或生长速度过快造成的。如海蓝宝石中的"管状"包体或呈断断续续的"雨丝状"、尖晶石中的八面体"负晶"[图8-8(b)]等。

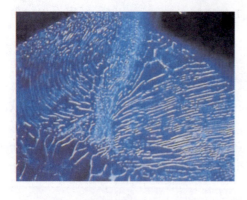
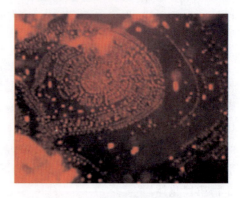

(a) 斯里兰卡蓝宝石中的"指纹状"包体　　(b) 尖晶石中的八面体"负晶"

图8-8　同生流体(气液)包体

很多情况下,液态包体与气态、固态包体共存。

3)同生非物质性包体

宝石晶体中常见同生非物质性包体主要表现为下述几种分带现象。

(1)包体分带。宝石晶体生长的暂时停顿使外来晶体集结在寄主晶体的表面。若寄主晶体重新生长,便可形成或多或少的呈面状分布的薄层包体,即所谓的"幻晶"[图8-9(a)]。

(a) "幻晶"

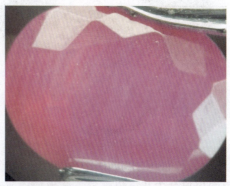

(b) 焰熔法合成红宝石中的弧形生长纹

图8-9 同生非物质性包体

(2)颜色分带。颜色分带通常取决于宝石中化学成分的变化,它反映了宝石生长环境和流体化学成分的变化,如红宝石、蓝宝石中的平直或六方形角状色带。

(3)结构分带。结构分带通常是由宝石中的双晶造成的。例如红宝石中由聚片双晶形成的裂理。

合成宝石的包体大都属于同生包体,它们可以是固态、气态或液态。但它们往往从形态和组成上与天然宝石明显不同,可作为区分天然与合成宝石的主要鉴别特征。如助熔剂法合成红宝石中的助熔剂残留、水热法合成祖母绿中的铂金片、焰熔法合成红宝石中的弧形生长纹和未熔粉末[图8-9(b)]等。

3. 次生包体

次生包体(secondary inclusion)形成时间晚于寄主宝石,它是宝石晶体形成后由于环境的变化(如受应力作用而产生的裂隙),外来物质沿其渗入及裂隙充填、放射性元素的破坏等作用所形成的包体。

宝石停止生长后产生的裂隙中可能会有外来物质进入并在其中沉淀。常见的外来物质是铁和锰的氧化物,在水晶或玛瑙中形成黑色树枝状或苔藓状包体[图8-10(a)]。

当包体与宝石具有不同的热膨胀系数时,温度的变化会导致包体与宝石体积变化不一致,这样就会在包体周围形成圆盘状的应力裂隙,例如橄榄石中的"睡莲叶状"包体[图8-10(b)]。锆石常含有放射性元素铀(U)和钍(Th),它们作为包体出现在宝石中时不但可以破坏宝石本身的晶体结构,放射性元素还会使锆石的体积增大,产生的应力可导致在锆石周围形成放射状的裂隙,即"锆石晕"。

(a) 水晶中的黑色树枝状包体

(b) 橄榄石中的"睡莲叶状"包体

图8-10 次生包体

合成宝石往往不存在次生包体。优化处理的宝石,通常含有一些次生包体,并常作为鉴定特征。如红蓝宝石的热处理,往往会导致内部固态包体的体积发生变化,使之发生爆裂而在周围产生次生裂隙;也会使宝石中存在的铁(Fe)、钛(Ti)出溶,而形成金红石针;也可使同生的针状金红石包体熔蚀,形成呈点状排列的金红石,这些都可以作为宝石热处理的鉴定特征。另外,宝石的染色处理、充填处理、激光打孔处理所留下的痕迹和裂隙、扩散处理造成的颜色在刻面宝石的腰棱部位富集都可视为次生包体。

二、依据包体的相态分类

根据包体的相态特征,可将包体分为固态包体、液态包体和气态包体。

固态包体主要指在宝石中呈固相存在的包体,如红宝石中的金红石、祖母绿中的黄铁矿和方解石等。

液态包体指以单相或两相的流体为主的包体,最常见的液体为水,有机液体也偶有出现。例如蓝宝石中的"指纹状"包体、萤石和黄玉中的两相不混溶的液态包体等。

气态包体指主要由气体组成的包体,如琥珀中的气泡[图8-11(a)]、充填红蓝宝石和玻璃中的气泡[图8-11(b)]等。

 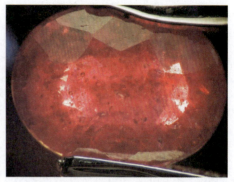

(a) 琥珀中的气泡　　　　　　　　　　(b) 充填红宝石中的气泡

图 8-11　气态包体

在实际宝石中,往往可见到两种或两种以上相态包体共存的现象,从而可将其分为单相、两相、三相或多相包体。单相包体指以固相、液相或气相单一相态存在的包体,其多为单相的固态包体,在合成宝石中也常见单相的气态包体(即气泡);两相包体可以是气-液包体(如"指纹状"包体多为气液两相包体)、液-液包体(如黄玉中的两相不混溶的液态包体)、液-固两相包体;三相包体主要指同一包体内含有气-液-固三相包体或液-液-气三相包体,如祖母绿中常见的由石盐-气泡-水构成的三相包体(图 8-12)。

图 8-12　祖母绿中的三相包体

三、依据包体的存在形式分类

根据包体的存在形式,可将包体分为物质型包体和非物质型包体两大类。

1. 物质型包体

物质型包体是指以实际物质形态存在的包体,如固态包体、液态包体和气态包体等。

2. 非物质型包体

它们往往不是以实际物质形式存在,而多呈现一种现象。如空晶、双晶面、解理纹等,多是由宝石物质成分的变化、晶格缺陷,放射性蜕变所导致的与主体宝石颜色有明显差异的色带、色团、色晕等组成的包体。

1)颜色分布

宝石中颜色的分布特征对揭示宝石优化处理、合成和天然类型是非常有用的。焰熔法合成的宝石往往具有弯曲的色带;在染色宝石中,染料聚集在裂隙和晶粒的边界处;扩散处理的宝石,颜色集中在尖角、棱线和表面的裂隙处(图8-13)。

2)表面特征

表面特征能提供关于宝石结构和宝石定名的相关线索,如钻石中的双晶可在抛光面上产生"纹路",处理的翡翠表面可显示"沟渠状"或"蛛网状"的现象。

3)解理和断口

解理和断口对某些宝石的鉴别有一定价值。玻璃显示贝壳状断口。具阶梯状断口说明宝石解理发育,如锂辉石、长石。解理对于鉴定钻石意义重大,钻石腰围的须状腰是其仿制品所不具备的。

4)双晶

刚玉、金绿宝石、长石中常可见到双晶。

图8-13 扩散处理蓝宝石

图8-14 锆石的刻面棱重影

5)刻面棱重影

对于双折射率大的宝石来说,用10倍放大镜或显微镜,在适当的角度可以看到明显的后刻面棱线和内部包体的重影,如橄榄石、碧玺、锆石(图8-14)等。

以上不同的分类从不同的角度归纳了包体的特征,每一个分类都不可能涵盖宝石包体的全部特征,熟悉这些分类方法对宝石鉴定具有重要意义。

第三节 宝石内含物的规范描述

参考钻石的内含物符号,本书设计了宝石常见的重要内含物符号(表8-1)。本设计借鉴了钻石符号的标注方法,用红色标示内部特征,绿色标示外部特征。考虑到宝石的品种丰富,内含物的情况比钻石复杂得多,为了避免符号过于繁杂,使初学者能更好地掌握宝石内含物的规范性描述,合成和优化处理宝石的典型内含物特征以及集合体玉石的内含物特征没有放在此范畴之内。

表8-1 常见宝石内含物符号

名称	符号	描述	名称	符号	描述
抛光纹		抛光不当造成的同一刻面上的平行细密线状划痕	磨损面棱		棱线上的细小磨损呈磨毛状或轻微的磨损状
表面凹坑		抛光不良造成的宝石表面较多的小凹坑	解理、裂理面		解理或裂理造成的平坦破开面,常呈珍珠光泽或有晕彩
贝壳状断口		断面呈圆形光滑曲面,常有不规则同心条纹,具油脂光泽	划痕		宝石表面被硬物划伤的线状痕迹
破口		宝石表面破损的小口,形状不规则	表面生长纹		宝石表面的天然生长痕迹
愈合裂隙		在宝石内部呈扁平状或弯曲状,裂面上常有不规则的流体包体分布,似指纹	晶体包体	透明 暗色	宝石内部的原生矿物晶体包体,可有一定的晶体形态,或棱角分明,偶见圆滑
气泡		独立的气象包体,常呈圆球形,整体轮廓趋于圆滑,无尖利棱角,边界较粗黑	气-液包体		液体中包裹气体的两相流体包体

续表 8-1

液体包体	 ○L	呈透明的不规则扁平状	解理裂纹	 ✢✢	初始解理(裂理)造成的平行裂纹
色带	 ⌐	平直的颜色分带	带云雾晶体	 ◎	有微小流体包体环绕的固体包体
絮状物	 ≫	呈点状或团块状的白色棉絮状包体	带裂的包体	 ✱	带有一个或多个应力裂纹的固体包体
盘状裂隙	 ✺	环绕在固体包体周围的盘状应力裂纹	内部生长纹	∕	宝石内部的天然生长痕迹
点状包体	·	极小的固体或流体包体	针状包体	 ／	宝石内部的针状固体包体
开放裂隙	 ◌	宝石表面可见裂纹,裂面里常有黄褐色后期填充物,可见晕彩			

对宝石的内部特征进行规范化的文字描述,并辅以图示,此方法更加直观和全面,而且也便于掌握。初学者应用尽可能详尽的文字来表述所观察到的内部特征,基本上可以遵循下列"公式"组织语言。

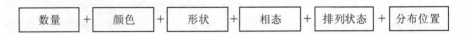

数量:常用来描述内含物数量的形容词有大量的、少量的、零星的等。
颜色:白色、暗色,即根据所看到的颜色进行客观描述。
形状:常见的形状描述有针状(如红宝石中的针状金红石)、管状(如玻璃猫眼中平行排列的管状包体)、片状(如日光石中橙红色赤铁矿亮片)、浑圆状(通常是些小晶体)、絮状(通常是白色,像棉絮)、团块状、点状、雾状、雨状(例如海蓝宝石中平行排列断断续续的短丝,像雨丝)、羽状(像一片片的羽毛)、雪花状(通常是白色,像雪花)等。

相态:固态、气态、液态。

排列状态:平行排列、定向排列、杂乱排列等。

分布位置:位于宝石台面正下方、靠近腰部、靠近亭部、均匀地分布于整个宝石等。

以图8-7中日光石为例,按照以上公式可将其内含物描述为:有大量橙红色片状赤铁矿固态包体杂乱地排列,均匀地分布于整个宝石内部。后续的学习中对于典型内含物的描述可适当进行简化。对内含物的描述越趋于详尽,越能有效地帮助我们鉴别宝石品种,并评价宝石质量。

习 题

一、判断题
1. 巴西产祖母绿的典型特征内含物是三相包裹体。　　　　　　　　(　　)
2. 色带属于非物质型包体。　　　　　　　　　　　　　　　　　　(　　)

二、选择题
1. 明显刻面棱重影的宝石属于(　　)。
   A. 均质体　　　B. 隐晶质集合体　　　C. 显晶质集合体　　　D. 非均质体
2. 宝石中的三相包体含有(　　)。
   A. 三种固体矿物　　　　　　　　B. 液体、晶体和气体
   C. 二种气体、一种晶体　　　　　D. 二种晶体、一种气体
3. "马尾丝状"包体是通常存在于(　　)中的典型包体。
   A. 尖晶石　　　B. 玛瑙　　　C. 翠榴石　　　D. 钇铝榴石
4. 刚玉宝石中出溶的三组金红石针状包体属于(　　)。
   A. 原生包体　　B. 同生包体　　C. 次生包体　　D. 液态包体
5. 焰熔法合成红宝石中通常可以看到(　　)。
   A. 弧形生长纹　　B. 幻影　　C. "睡莲叶状"包体　　D. "指纹状"包体

三、问答题
1. 举例描述研究宝石内含物的目的及意义。
2. 举例描述内含物的分类。

第九章 宝石的琢型设计

第九章 宝石的琢型设计

第一节 常见琢型的分类及其特点

宝石是大自然赐予人类的瑰丽礼物,是大自然孕育的珍宝。俗话说"玉不琢不成器",这些宝石原料经过人类的精心设计、加工、切磨或雕刻后,艳丽夺目,光彩照人,为众人所喜爱。

宝石的琢型都是根据原石的特征,如颜色、透明度、特殊光效、内含物特征等进行设计加工。目的就是为了增添宝石的造型完美和光彩艳丽,从而提升其价值。

一、琢型的含义

宝石琢型即宝石造型,是宝石原石经过琢磨后所呈现的式样,也称宝石的切工或款式。宝石琢型种类繁多,常见的有刻面型、弧面型、链珠型、异型四大类,其中刻面型宝石的设计和加工最为复杂,也是宝石琢型设计及加工中最重要的研究对象和内容。

二、刻面型(faceted cut)

刻面型又称"翻光面型""棱面型"和"小面型"。它的特点是宝石由许多具一定几何形状的小面按规则排列,组合成对称的立体图案。刻面型适用于透明度较好、内含物较少的宝石,因为这种琢型更能体现宝石的亮度和火彩。根据不同的刻面几何形状及腰形(腰棱的轮廓,即横截面形状)组合,刻面型宝石的样式可达70多种。为了便于理解和掌握,本书选择常见的刻面型款式进行分类讲解。

1. 圆多面型(round brilliant cut)

圆多面型又称标准圆钻型切工,由17世纪威尼斯宝石工匠设计,发展至今仍被不断修改,以期产生最大的亮度和火彩。该琢型的腰形为圆形、心形、椭圆形、梨形、长方形、祖母绿形、公主方形和橄榄形等均为它的变体。

标准圆钻型切工共由57或58个面组成,由冠部、亭部、腰部三个部分组成。如图9-1所示,冠部共33个面,由1个台面(table)、8个星小面、8个冠主面和16个上腰小面组成。亭部共有25个面,由16个下腰小面、8个亭主面和1个底尖(culet)小面组成。底尖是一个平行于台面的很小的刻面,为的是避免亭部破损,但有时也可能没有底尖(57个面)。

(1)设计目的。使亭部后刻面产生全反射光线以获得最大的亮度和火彩。

(2)适用宝石。主要应用于高色散的无色宝石,也用于透明度较高的彩色宝石。

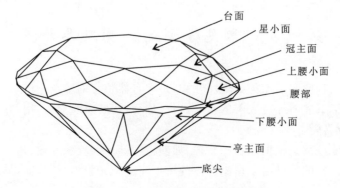

图9-1 标准圆钻型各切面名称

(3)标准圆钻型切工的理想比例(图9-2)。

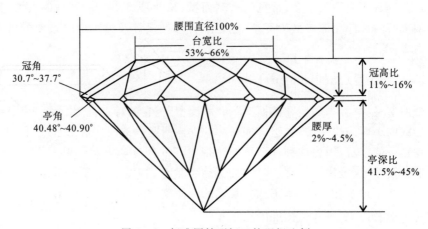

图9-2 标准圆钻型切工的理想比例

(4)当圆钻型切工具有优越的对称性时可以形成八箭八心,这是最经典的圆钻型切工。所谓八箭八心是指从钻石台面正上方俯视可见八支箭,从钻石的亭部正上方俯视则可见八颗心(图9-3)。

2. 阶梯型(emerald cut)

阶梯型又称祖母绿型,由于被广泛地应用于祖母绿的加工,故而得名。如图9-4所示,其台面和外形均为矩形,由于祖母绿脆性较大,因此被切掉四个角。这种款式的台面较大,能在很大程度上突出透明宝石颜色的美丽,但亮度稍逊。

(1)设计目的。阶梯型宝石的加工主要是为了显示宝石的颜色,琢型的比例一般由原石颜色的深度和晶体的形状决定。

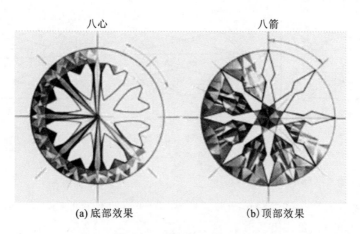

图 9-3 钻石的八箭八心

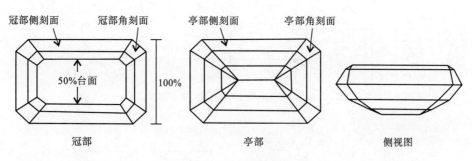

图 9-4 祖母绿琢型

(2)用途。用于所有透明宝石中,尤其适合那些瑰丽、依赖于颜色的彩色宝石,如祖母绿、红宝石、蓝宝石、碧玺、堇青石等。这些有色宝石在加工时定向很重要,使台面显示出最好的颜色。

3. 剪刀琢型(scissors cut)

剪刀琢型亦称交叉琢型,属于阶梯型的改型。在这种琢型中,台面的四周以三角形刻面代替了矩形刻面(图9-5)。

(1)优点。这种琢型在一定程度上可以增加宝石的亮度,并改善宝石的颜色。另一方面,可以降低加工中所产生误差的可见性。因为在阶梯琢型中,各排刻面切磨得稍不平行即可看出,而代之以三角刻面,这种误差却不易被察觉到。

(2)缺点。光线会从亭部底尖漏掉,从而在宝石的中央产生一个死点。

(3)用途。适用于钻石和各种有色宝石,特别是当原石的形态为方形或长方形时。

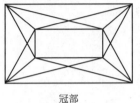 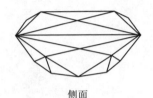 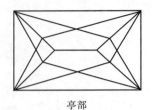

冠部　　　　　　　　　　侧面　　　　　　　　　　亭部

图9-5　剪刀(交叉)琢型

4. 花式琢型(fancy cut)

花式琢型通常指标准圆钻型的变形(图9-6),如水滴形(梨形)、椭圆形、橄榄形(马眼形)、心形、公主方形等。

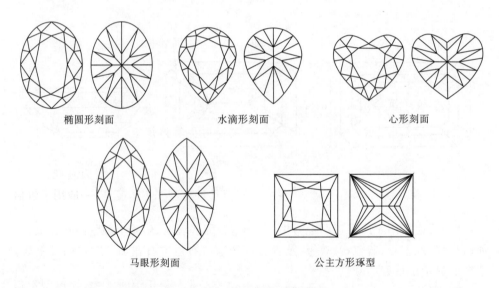

椭圆形刻面　　　　　水滴形刻面　　　　　心形刻面

马眼形刻面　　　　　公主方形琢型

图9-6　各种典型变形琢型

变形的比例由原石的形态和性质所决定。原石的形态不规则,当有影响质量的内含物存在时,琢型的形态和理想比例要有所变化,原则上是以保持最大质量和最高价值为目的来进行各种宝石琢型的选择。

5. 混合琢型(mixed cut)

混合琢型是刻面琢型的一种类型,是指根据宝石自身的特点,把同一颗宝石的冠部和亭部切磨成不同款式的琢型。如图9-7所示,常见的混合琢型是冠部为明亮型,亭部为阶梯型。

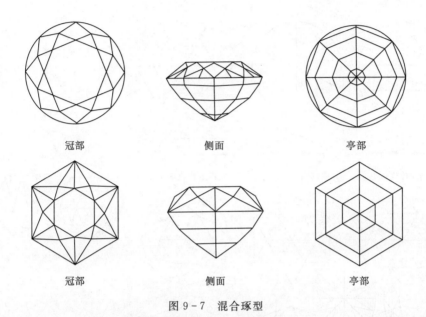

冠部　　　　　　　　侧面　　　　　　　　亭部

冠部　　　　　　　　侧面　　　　　　　　亭部

图 9-7　混合琢型

(1)目的。为了保持宝石的质量。

(2)优点。对宝石的冠高、亭深等比例关系并无具体规定,只要能使宝石的火彩、颜色和质量达到最佳效果即可。

(3)缺点。使一些宝石的光学效应不令人十分满意,而且镶嵌较为困难。

(4)用途。适用于钻石和多种有色宝石。这种琢型加工最复杂,一般用于价值较高的宝石。

6. 玫瑰琢型(rose cut)

玫瑰琢型也是刻面琢型的一种类型,它可能起源于印度,15 世纪由威尼斯工匠引进欧洲,18 世纪曾被广泛地应用于钻石加工业。从正面看上去,该琢型形似一朵盛开的玫瑰花,故而得名。

(1)主要特点。如图 9-8 所示,上部由多个规则的三角形刻面组成,通常呈两排分布,这些刻面向上交于一点;下部仅有一个大而平的底面,轮廓通常为圆形,冠部呈拱形,整个琢型呈单锥体。根据其腰棱轮廓可划分为不同类型。荷兰玫瑰琢型有 24 个三角形刻面。

(2)优点。最大限度地保持质量。

(3)缺点。不利于宝石火彩和亮度的显示。

(4)用途。适用于不完整的宝石晶体,如板状、尖角状或厚度较小的宝石晶体。目前仅用于小颗钻石、锆石和石榴石的加工。

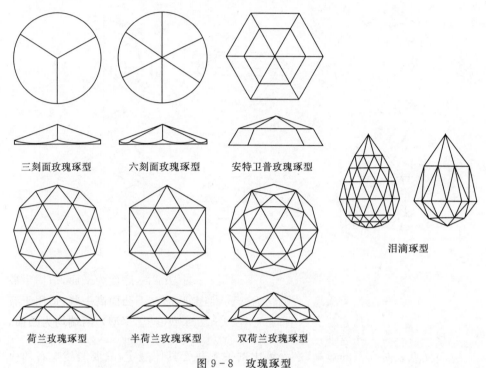

图 9-8 玫瑰琢型

三、弧面型（cabochon）

弧面型又称为凸面型宝石、蛋面宝石或素面宝石，是指表面凸起的、截面呈流线形的、具有一定对称性的琢型宝石。其底面可以是平的或弯曲的，抛光的或不抛光的。这种琢型最简单，是一种早期宝石的加工款式。

1. 优点

弧面型宝石具有加工方便、易于镶嵌、能充分体现宝石颜色、保持较多质量等诸多优点。

2. 适用范围

弧面型主要适用于不透明和半透明，或具有特殊光学效应（如猫眼效应、星光效应、变彩等），或含有较多包裹体和裂隙的宝石材料的加工。

3. 分类

（1）弧面型宝石可根据腰形分为圆形、椭圆形、橄榄形、心形、梨形（水滴形）、方形、矩形、垫形、十字形、随形等（图 9-9）。

第九章 宝石的琢型设计

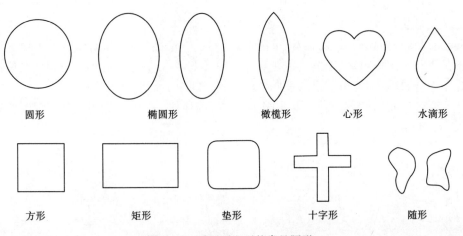

图 9-9 弧面型宝石的常见腰形

（2）根据纵截面形状可分为单凸弧面琢型，一端为凸面，底面为平面，适用于各种宝石的戒面；双凸弧面琢型，两端均为凸面，但上凸面比下凸面高一些，适用于有特殊光效的宝石，如月光石的琢型；扁平双凸弧面琢型（扁豆琢型），两端均为凸面，如欧泊的琢型；空心凸面琢型，在单凸面琢型的基础上，从底部向上挖一个凹面，适用于颜色较深、透明度较差的宝石；凹面琢型，在单凸面琢型的基础上，从顶部挖一个凹面，这样可以在凹面中再镶嵌一颗宝石，常用于拼合宝石（图 9-10）。

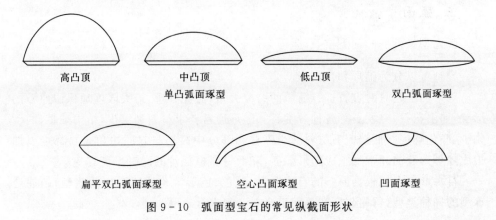

图 9-10 弧面型宝石的常见纵截面形状

四、链珠型（bead cut）

链珠型是指用于珠串的具规则或不规则形状的小件宝石。根据其形态特点可分为球形珠、腰鼓珠、柱形珠及其他珠形;根据表面特征可分为弧形珠和刻面珠,刻面珠的形状是各种规则对称的多面棱柱体。原料取材多为中低档的半透明至不透明宝石材料,如绿松石、孔雀石、玉髓等,当然也有高档宝石,如翡翠。由于珠子通常是串起来用作项链、手链或挂在耳饰或胸针上,所以其魅力并不主要表现在单粒珠子上,而是表现在由众多珠子所串成的整个珠串的造型上。

常见的有圆珠、椭圆珠、扁圆珠、腰鼓珠、圆柱珠、棱柱珠、刻面珠及不规则珠等(图9-11)。

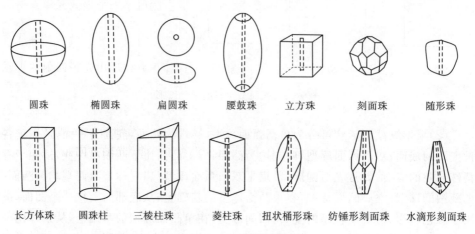

图9-11 各种链珠琢型

五、异型及雕件

1. 异型

异型可以分为随形和自由形。

随形加工是只对宝石进行简单的磨棱去角,抛光处理,最大限度地保留原石的形状,如雨花石、三峡石等各种观赏石。随形通常要求材料裂纹少,结构细腻,内含物少,颜色鲜艳。低档宝石材料的小碎粒和部分中高档材料的边角余料都可以加工成随形。欧泊通常加工成随形弧面,降低材料损耗量的同时保证其变彩。

自由形是人们根据原石的自然形态、颜色、色形等刻意琢磨出的造型,是混合琢型的一种类型,可用刻面和弧面组合在一起进行琢磨。

2. 雕件

雕件是指通过雕刻手段而产生的琢型。一般适用于加工成雕件的宝石材料要求有中至低的硬度、较高的韧性、美丽的颜色分布、细腻的结构。具有这些特征的通常都是多晶质材料和有机宝石材料,如翡翠、软玉、玛瑙、珊瑚、琥珀等。

第二节　宝石琢型的定向及定位设计

一、琢型与光泽

要使宝石的光泽变得强一些,刻面型加工的宝石可以适当地扩大台面大小;对于颜色较浅、折射率较低的宝石,常采用一些可以提高宝石亮度的琢型,如浅色的黄玉、水晶等多选用改良的圆钻型款式,利用更多亭主面反光来增强其光泽效果。

二、琢型与折射率

折射率高的宝石宜采用标准圆钻型、椭圆刻面型等,以体现出光芒四射的视觉效果;相反,折射率低的宝石宜采用祖母绿琢型,以大面积的闪光面弥补因折射率低带来的反光不足的缺点。非均质体彩色宝石不止一个折射率,对于具有强多色性的彩色宝石,平行于光轴方向的多色性最明显,垂直于光轴的切面则不显多色性,所以这类宝石定向时台面应垂直于(或至少垂直于一个)光轴方向。

三、琢型与双折射率

有些非均质体宝石有很强的双折射,如锆石、榍石、合成金红石等。从冠部观察这些宝石时可见底部有明显的刻面棱重影。为了避免这种现象,一般是将宝石的台面垂直于 C 光轴方向切割。

四、琢型与特殊光效

具有特殊光学效应的宝石应设计成弧面形,具有猫眼效应的宝石在切磨定向时应使宝石底面平行于纤维状内含物,如果宝石轮廓为椭圆形,定向应使内含物的方向垂直于宝石的长轴。为了使猫眼效应显得更活,可以适当地加大凸面型宝石的厚度,使凸面曲率增大,反射光集中于一个窄带。具有星光效应的弧面型宝石在切磨定向时,使宝石底面平行于各方向内含物的排列面,即垂直于 C 光轴方向。具有月光效应、晕彩效应、砂金效应的宝石都属于层状结构,因此定向应使宝石的底面平行于层状结构。

五、琢型与结构

有些宝石自身的结构比较特殊,应该根据它们的特点进行加工,如纤维状集合体石膏、阳起石等一经切磨就能产生猫眼效应,所以应设计成弧面型。欧泊的球粒结构对光的反射、衍射作用可以产生变彩效应,所以加工成弧面型。还有一些集合体宝石的形态很特别,如放射状集合体红柱石,又称菊花石,以及一些天然生成的石英晶簇,均可以直接用作观赏石。

六、琢型与硬度

基于对宝石耐久性的考虑,设计琢型时要把宝石最耐磨的部分放在磨损最严重的部位。如有些宝石晶体的硬度随宝石方向的不同而不同,所以加工蓝宝石时应选择硬度大的方向做台面,从而增加台面的耐磨度。

七、琢型与内含物

大部分宝石的内含物应尽量去除,实在无法去除的要把它放在不显眼的位置,如蓝宝石的色带通常放在靠近宝石腰部且平行于台面的位置,这样看起来颜色更均匀一些。还有一些宝石的内含物可以使宝石产生特殊光学效应,如金绿宝石中平行排列的针状内含物,应加工成弧面,使宝石产生猫眼效应;又如琥珀中的昆虫内含物也具有很好的观赏价值,常加工成随形。

习　题

一、判断题

1. 一块刻面宝石可见到很好的猫眼效应。　　　　　　　　　　　　　　(　　)
2. 折射率高的宝石宜采用标准圆钻型切工。　　　　　　　　　　　　　(　　)

二、选择题

1. 祖母绿拥有明艳的颜色,且具有很强的脆性,通常切磨成(　　)。
A. 圆刻面型　　　B. 椭圆弧面　　　C. 阶梯型　　　D. 玫瑰琢型
2. 具有特殊猫眼和星光效应的宝石品种,应该加工成(　　)。
A. 凹凸型　　　B. 刻面型　　　C. 浮雕型　　　D. 弧面型
3. 对钻石的切磨角度要求十分严格,目的是使钻石反映出最好的(　　)。
A. 晕彩　　　B. 色彩　　　C. 火彩　　　D. 变彩

主要参考文献

杨坤光,袁晏明.地质学基础[M].武汉:中国地质大学出版社,2009.
李娅莉,薛秦芳,李立平,等.宝石学教程[M].武汉:中国地质大学出版社,2006.
赵珊茸.结晶学及矿物学[M].北京:高等教育出版社,2008.
潘兆橹.结晶学及矿物学[M].北京:地质出版社,1984.
林培英.晶体光学与造岩矿物[M].北京:地质出版社,2005.
曾广策.晶体光学及光性矿物学[M].武汉:中国地质大学出版社,2006.
廖宗廷,周祖翼,马婷婷,等.宝石学概论[M].上海:同济大学出版社,2005.
陈钟惠.珠宝首饰英汉词典[M].武汉:中国地质大学出版社,2003.
英国宝石协会和宝石检测实验室.FGA宝石学基础教程[M].陈钟惠,译.武汉:中国地质大学出版社,2004.
周国平.宝石学[M].武汉:中国地质大学出版社,1989.
刘自强.地球科学通论[M].武汉:中国地质大学出版社,2007.
赵其强.宝玉石地质基础[M].北京:地质出版社,1999.
乐昌硕.岩石学[M].北京:地质出版社,1998.
罗益清.宝石与宝石矿[M].北京:地质出版社,1995.
周汉利.宝石琢型设计及加工工艺学[M].武汉:中国地质大学出版社,2012.